National Ecological Environment Standards
along the Belt and Road——South Asia

"一带一路"

沿线国家生态环境标准
——南亚国家

王宗爽　著

U0305893

中国环境出版集团·北京

图书在版编目（CIP）数据

"一带一路"沿线国家生态环境标准．南亚国家 /
王宗爽著． -- 北京 ：中国环境出版集团，2024.11.
（"一带一路"绿色发展书系）． -- ISBN 978-7-5111
-6036-2

Ⅰ．X321.1-65

中国国家版本馆 CIP 数据核字第 20247R08N9 号

责任编辑	曲　婷
文字编辑	苗慧盟
封面设计	宋　瑞

出版发行	中国环境出版集团
	（100062　北京市东城区广渠门内大街 16 号）
	网　　　址：http://www.cesp.com.cn
	电子邮箱：bjg1@cesp.com.cn
	联系电话：010-67112765（编辑管理部）
	发行热线：010-67125803，010-67113405（传真）
印　　刷	北京中科印刷有限公司
经　　销	各地新华书店
版　　次	2024 年 11 月第 1 版
印　　次	2024 年 11 月第 1 次印刷
开　　本	787×1092　1/16
印　　张	7.75
字　　数	140 千字
定　　价	55.00 元

"一带一路"沿线国家生态环境标准——南亚国家

编　委

主　　编：王宗爽

副主编：徐　舒　　刘　诚　　任　锋

编　　委：和金梅　　谭玉菲　　顾闫悦　　郭　敏　　杨占红

武亚凤　　雷　晶　　裴淑玮　　刘丽颖　　李艾阳

赵国华　　闫　函　　曹晗霖　　刘知政　　李　琴

吴伟业　　李　兵　　冯　霄　　郭智慧　　焦家亮

第一章：李艾阳　　杨占红　　武亚凤　　闫　函

第二章：武亚凤　　雷　晶　　裴淑玮　　闫　函

第三章：刘丽颖　　郭　敏　　吴伟业　　李　琴

第四章：顾闫悦　　李　兵　　冯　霄　　谭玉菲

第五章：曹晗霖　　刘丽颖　　郭智慧

第六章：和金梅　　赵国华　　刘知政　　焦家亮

前　言

2013 年秋，习近平主席提出共建"一带一路"倡议。10 余年来，共建"一带一路"倡议一步步走深走实，成为各国共同的机遇之路、繁荣之路。共建"一带一路"是中国扩大开放的重大举措和经济外交的顶层设计，是构建双循环新发展格局的重要抓手，对于实现更高水平对外开放具有重要推动和引领作用。"一带一路"建设秉持共商、共建、共享原则，坚持开放、绿色、廉洁理念，努力实现高标准、可持续、惠民生目标，带动全球国际合作"范式"效应日益凸显，中国经验对沿线国家产生深远的影响，正如党的二十大报告指出的，共建"一带一路"成为深受欢迎的国际公共产品和国际合作平台。共建"一带一路"不仅是经济合作，而且是完善全球发展模式和全球治理、推进经济全球化健康发展的重要途径。通过共建"一带一路"，中国和参与共建的各国都可以做出一些增量性的贡献，共同促进全球繁荣发展，促进世界和平，助力于建设更加美好的世界，最终实现以共建"一带一路"为实践平台，推动构建人类命运共同体。

南亚国家具有复杂的地理环境和多样的生态系统，且普遍面临生态环境脆弱、资源禀赋退化、自然灾害多发等问题，这给"一带一路"倡议的实施和地区可持续发展目标以及双边合作都带来了巨大挑战。南亚国家必须加强融入绿色发展的国际交流，提升环境治理效能和解决环境问题的动力。环境标准作为环境管理的有效途径，是国家环境目标和规划的制定、环境法律的制定和实施、环境质量的评价和监测以及环境保护工作的监督检查的基本依据和重要体现。长期以来，我国聚焦境外环境的标准资料较少，不利于我国深入参与全球环境治理和推动"一带一路"健康发展。本书紧随"一带一路"倡议，开展了卓有成效的相关文件整理工作，系统收录了南亚地区生态环境标准的资料，填补了我国在该领域文献的空白。

本书通过环境质量标准和污染物排放（控制）标准的分类，分别从水、气、固体废物和噪声四个方面介绍相关标准，并将相关标准与中国和发达国家及国际组织进行对比。本书对于科学认知南亚地区环境发展状况具有重要参考价值，同时为中国—南亚的多边交流合作、经济建设发展、"一带一路"倡议推进提供了科学支撑，也将在其他相关领域的科学研究、规划决策、全面布局中发挥重要作用。

感谢中国恩菲工程技术有限公司在本书编写过程中的支持。由于编者对南亚地区文化了解有限，且文件资料繁多，整理时间仓促，部分内容有疏漏之处，敬请读者指正！

目　录

南亚

南亚（South Asia）是指位于亚洲南部的喜马拉雅山脉中、西段以南到印度洋之间的广大地区。它东濒孟加拉湾，西濒阿拉伯海，总面积约 430 万 km²。因喜马拉雅山脉把南亚与亚洲大陆其他地区隔开，使南亚在地理上形成了一个相对独立的单元，而其面积小于大陆，所以被称为南亚次大陆。由于印度和巴基斯坦是南亚的主要大国，因此也有人称南亚为印度次大陆或印巴次大陆。南亚既是世界四大文明发源地之一，又是佛教、印度教等宗教的发源地，共有 7 个国家，尼泊尔、不丹为内陆国，印度、巴基斯坦、孟加拉国为临海国，斯里兰卡、马尔代夫为岛国。南亚地区盛产水稻、小麦、甘蔗、黄麻、油菜籽、棉花、茶叶等，富煤、铁、锰、云母、金等矿藏。南亚是芒果、蓖麻、茄子、香蕉、甘蔗，以及莲藕等栽培植物的原产地，所产黄麻、茶叶约占世界总产量的 1/2，稻米、花生、芝麻、油菜籽、甘蔗、棉花、橡胶、小麦和椰干等的产量在世界上也占据重要地位。

第一章 斯里兰卡

斯里兰卡民主社会主义共和国（The Democratic Socialist Republic of Sri Lanka）简称斯里兰卡，首都为科伦坡（Colombo），是一个位于南亚次大陆以南印度洋上的岛国，西北隔保克海峡与印度相望。接近赤道，终年如夏，年平均气温为28℃，受印度洋季风影响，西南部沿海地区湿度大。年平均降水量为2 054 mm（2019年）。风景秀丽，素有"印度洋上的明珠"之称。国家总人口数约为2 203万（2023年）。

斯里兰卡的主要矿藏有石墨、宝石、钛铁、锆石、云母等，渔业、林业和水力资源丰富。农业方面，以种植园经济为主，主要作物有茶叶、橡胶、椰子和稻米，可耕地面积为400万 hm^2，已利用200 hm^2。工业基础薄弱，主要有纺织、服装、皮革、食品、饮料、烟草、造纸、木材、化工、石油加工、橡胶加工、塑料加工和金属加工及机器装配等工业，大多集中于科伦坡地区，以农产品和服装加工业为主。

斯里兰卡是南亚国家中率先实行经济自由化政策的国家，1978年开始实行经济开放政策，大力吸引外资，推进私有化，逐步形成市场经济格局。近年来，斯里兰卡经济保持中速增长。2005—2008年，斯里兰卡国民经济增长率连续4年达到或超过6%，为独立以来的首次。2008年以来，受国际金融危机影响，斯里兰卡外汇储备大量减少，茶叶、橡胶等主要出口商品收入和外国短期投资下降。国内军事冲突结束后，斯里兰卡政府采取了一系列积极应对措施。当前斯里兰卡的宏观经济逐步回暖，但仍面临外债负担重、出口放缓等困难。2022年，斯里兰卡的工业产值占GDP的27.5%，农业产值约占GDP的7.5%。

斯里兰卡生态环境标准情况见表1-1。

表 1-1　斯里兰卡生态环境标准情况

环境质量标准	污染排放（控制）标准
大气	水
环境空气质量标准	向内陆地表水排放工业废物限值
	排放到海洋沿岸地区的工业和生活垃圾的限值

续表

环境质量标准	污染排放（控制）标准
	橡胶厂排放到内陆地表水的废物限值
	纺织业排放到内陆地表水的废物限值
	制革业排放废物限值
	向设有集中处理厂的公共下水道排放污水限值
	排放在灌溉用地的工业废物的容忍限度

第一节　斯里兰卡环境质量标准

一、大气

斯里兰卡《国家环境（环境空气质量）条例》规定的控制项目包括 PM_{10}、$PM_{2.5}$、二氧化氮、二氧化硫、臭氧和一氧化碳6种污染物。对1994年12月第850/4号公报公布的《国家环境（环境空气质量）条例》特此修订，将该条例的附表替换为以下内容（表1-2）。

表1-2　环境空气质量标准

序号	污染物	英文名称	平均时间*	浓度限值		测量方法
				$\mu g/m^3$	ppm[①]	
1	可吸入颗粒物	Particulate Matter 10（PM_{10}）	年平均	50	—	大容量采样和称重，或β射线衰减法
			24小时平均	100	—	
2	细颗粒物	Particulate Matter 2.5（$PM_{2.5}$）	年平均	25	—	大容量采样和称重，或β射线衰减法
			24小时平均	50	—	
3	二氧化氮	Nitrogen Dioxide（NO_2）	24小时平均	100	0.05	使用Saltzman法或同等方法进行比色气相化学发光法
			8小时平均	150	0.08	
			1小时平均	250	0.13	
4	二氧化硫	Sulfur Dioxide（SO_2）	24小时平均	80	0.03	Pararosaniline法或同等的脉冲荧光剂
			8小时平均	120	0.05	
			1小时平均	200	0.08	

---

① 1 ppm=10^{-6}。

续表

序号	污染物	英文名称	平均时间*	浓度限值		测量方法
				$\mu g/m^3$	ppm[①]	
5	臭氧	Ozone（O_3）	1 小时平均	200	0.10	化学发光法或类似方法，紫外线光度法
6	一氧化碳	Carbon Monoxide（CO）	8 小时平均	10 000	9	非分散性红外光谱法
			1 小时平均	30 000	26	
			任何时候	58 000	50	

注：＊指定期间的平均数所需的最小观测次数。

8 小时平均：8 小时平均数。

24 小时平均：不小于 18 小时平均数。

年平均：每季度至少有 2 个月平均数，总平均数不少于 9 个月。

第二节　斯里兰卡污染排放（控制）标准

一、水

斯里兰卡《国家环境（保护和质量）条例》中规定了不同的行业向不同类型的受纳水体排放污染物的浓度限值。

（一）向内陆地表水排放工业废物限值

斯里兰卡《国家环境（保护和质量）条例》中规定了向内陆地表水排放工业废物的 31 项水环境污染排放项目（表 1-3）。

表 1-3　内陆地表水工业废物排放限值

序号	参数	英文名称	单位类型	限值
1	总悬浮物	Total Suspended Solids	mg/L，小于等于	50
2	总悬浮物粒径	Particle size of the Total Suspended Solids	μm，小于等于	850
3	环境温度下的 pH	pH at Ambient Temperature	—	6.0～8.5
4	生化需氧量（BOD_5 是 20℃下五日生化需氧量，BOD_3 是 27℃下三日生化需氧量）	Biochemical Oxygen Demand（BOD_5 in five days at 20℃，BOD_3 in three days at 27℃）	mg/L，最大	30

续表

序号	参数	英文名称	单位类型	限值
5	排放温度	Temperature of Discharge	℃，最大	在排放口 15 m 范围内的任何部位不得超过 40℃
6	油和油脂	Oils and Greases	mg/L，小于等于	10
7	酚类化合物（以 C_6H_5OH 计）	Phenolic Compounds（as C_6H_5OH）	mg/L，小于等于	1
8	化学需氧量（COD）	Chemical Oxygen Demand（COD）	mg/L，小于等于	250
9	颜色	Colour	波长范围 436 nm（黄色范围） 525 nm（红色范围） 620 nm（蓝色范围）	最大吸光系数 7 m^{-1} 5 m^{-1} 3 m^{-1}
10	溶解磷酸盐（以 P 计）	Dissolved Phosphates（as P）	mg/L，小于等于	5
11	总凯氏氮（以 N 计）	Total Kjeldahl Nitrogen（as N）	mg/L，小于等于	150
12	氨态氮（以 N 计）	Ammoniacal Nitrogen（as N）	mg/L，小于等于	50
13	氰化物（以 CN 计）	Cyanides（as CN）	mg/L，小于等于	0.2
14	总余氯	Total Residual Chlorine	mg/L，小于等于	1.0
15	氟化物（以 F 计）	Fluorides（as F）	mg/L，小于等于	2.0
16	硫化物（以 S 计）	Sulphides（as S）	mg/L，小于等于	2.0
17	砷（以 As 计）	Arsenic（as As）	mg/L，小于等于	0.2
18	镉（以 Cd 计）	Cadmium（as Cd）	mg/L，小于等于	0.1
19	总铬（以 Cr 计）	Total Chromium（as Cr）	mg/L，小于等于	0.5
20	六价铬（以 Cr^{6+} 计）	Hexavalent Chromium（as Cr^{6+}）	mg/L，小于等于	0.1
21	铜（以 Cu 计）	Copper（as Cu）	mg/L，小于等于	3.0
22	铁（以 Fe 计）	Iron（as Fe）	mg/L，小于等于	3.0
23	铅（以 Pb 计）	Lead（as Pb）	mg/L，小于等于	0.1
24	汞（以 Hg 计）	Mercury（as Hg）	mg/L，小于等于	0.000 5
25	镍（以 Ni 计）	Nickel（as Ni）	mg/L，小于等于	3.0
26	硒（以 Se 计）	Selenium（as Se）	mg/L，小于等于	0.05
27	锌（以 Zn 计）	Zinc（as Zn）	mg/L，小于等于	2.0
28	杀虫剂	Pesticides	mg/L，小于等于	0.005
29	洗涤剂 / 表面活性剂	Detergents/surfactants	mg/L，小于等于	5

续表

序号	参数	英文名称	单位类型	限值
30	粪便大肠菌群	Fecal Coliform	MPN/100 mL，小于等于	40
31	放射性物质： （a）α发射体； （b）β发射体	Radioactive Material： （a）Alpha emitters； （b）Beta emitters	μCi*/mL，小于等于	10^{-8} 10^{-7}

注：1. 上述浓度限值是以清洁受纳水体和污水 8 : 1 的比例混合得出，如果稀释倍数低于 8 倍，则容许限值乘以实际稀释的 1/8。

2. 有行业标准优先执行行业标准。

3. 杀虫剂标准参照世界卫生组织（WHO）和联合国粮食及农业组织（FAO）执行。

（二）排放到海洋沿岸地区的工业和生活垃圾的限值

斯里兰卡《国家环境（保护和质量）条例》中规定了排放到海洋沿岸地区的 28 项水环境污染项目（表 1-4）。

表 1-4　排放到海洋沿岸地区的工业和生活垃圾限值

序号	参数	英文名称	单位类型	限值
1	总悬浮物	Total Suspended Solids	mg/L，小于等于	150
2	粒径： （a）悬浮物； （b）沉降性固体	Particle size of： （a）Suspended Solids； （b）Settleable Solids	mm，小于等于 μm，小于等于	3 850
3	环境温度下的 pH	pH at Ambient Temperature	—	5.5～9.0
4	生化需氧量（BOD_5 是 20℃下五日生化需氧量，BOD_3 是 27℃下三日生化需氧量）	Biochemical Oxygen Demand（BOD_5 in five days at 20℃，BOD_3 in three days at 27℃）	mg/L，小于等于	100
5	排放温度	Temperature of Discharge	℃，小于等于	在排放点不得超过45℃
6	油和油脂	Oils and Greases	mg/L，小于等于	20
7	酚类化合物（以酚羟基计）	Phenolic Compounds（as phenolic Hydroxyl Group）	mg/L，小于等于	5
8	化学需氧量（COD）	Chemical Oxygen Demand（COD）	mg/L，小于等于	250
9	总余氯	Total Residual Chlorine	mg/L，小于等于	1.0
10	氨态氮（以 N 计）	Ammoniacal Nitrogen（as N）	mg/L，小于等于	50
11	氰化物（以 CN 计）	Cyanides（as CN）	mg/L，小于等于	0.2

注：* μCi=3.7×10^4 Bq。

续表

序号	参数	英文名称	单位类型	限值
12	硫化物（以 S 计）	Sulphides（as S）	mg/L，小于等于	5.0
13	氟化物（以 F 计）	Fluorides（as F）	mg/L，小于等于	15
14	砷（以 As 计）	Arsenic（as As）	mg/L，小于等于	0.2
15	镉（以 Cd 计）	Cadmium（as Cd）	mg/L，小于等于	2.0
16	总铬（以 Cr 计）	Total Chromium（as Cr）	mg/L，小于等于	2.0
17	六价铬（以 Cr^{6+} 计）	Hexavalent Chromium（as Cr^{6+}）	mg/L，小于等于	1.0
18	铜（以 Cu 计）	Copper（as Cu）	mg/L，小于等于	3.0
19	铅（以 Pb 计）	Lead（as Pb）	mg/L，小于等于	1.0
20	汞（以 Hg 计）	Mercury（as Hg）	mg/L，小于等于	0.01
21	镍（以 Ni 计）	Nickel（as Ni）	mg/L，小于等于	5.0
22	硒（以 Se 计）	Selenium（as Se）	mg/L，小于等于	0.1
23	锌（以 Zn 计）	Zinc（as Zn）	mg/L，小于等于	5.0
24	杀虫剂	Pesticides	mg/L，小于等于	0.005
25	有机磷化合物	Organic Phosphorus Compounds	mg/L，小于等于	1.0
26	氯化烃类（以 Cl 计）	Chlorinated Hydrocarbons（as Cl）	mg/L，小于等于	0.02
27	粪便大肠菌群	Fecal Coliform	MPN/100 mL，小于等于	60
28	放射性物质： （a）α 发射体； （b）β 发射体	Radioactive Material： （a）Alpha emitters； （b）Beta emitters	μCi/mL，小于等于	10^{-8} 10^{-7}

注：上述浓度限值是以清洁受纳水体和污水 8∶1 的比例混合得出，如果稀释倍数低于 8 倍，则容许限值乘以实际稀释的 1/8。

（三）橡胶厂排放到内陆地表水的废物限值

斯里兰卡《国家环境（保护和质量）条例》中规定了橡胶厂排放到内陆地表水的 8 项水环境污染项目（表 1-5）。

表 1-5　橡胶厂排放到内陆地表水的废物限值

序号	参数	英文名称	单位类型	限值	
				I * 类工厂	II ** 类工厂
1	环境温度下的 pH	pH at Ambient Temperature	—	6.5～8.5	6.5～8.5
2	总悬浮物	Total Suspended Solids	mg/L，小于等于	100	100

序号	参数	英文名称	单位类型	限值	
				I*类工厂	II**类工厂
3	总固体物质	Total Solids	mg/L，小于等于	1 500	1 000
4	生化需氧量（BOD$_5$是20℃下五日生化需氧量，BOD$_3$是27℃下三日生化需氧量）	Biochemical Oxygen Demand（BOD$_5$ in five days at 20℃，BOD$_3$ in three days at 27℃）	mg/L，小于等于	60	50
5	化学需氧量（COD）	Chemical Oxygen Demand（COD）	mg/L，小于等于	400	400
6	总氮（以N计）	Total Nitrogen（as N）	mg/L，小于等于	300	60
7	氨态氮（以N计）	Ammoniacal Nitrogen（as N）	mg/L，小于等于	300	40
8	硫化物（以S计）	Sulphides（as S）	mg/L，小于等于	2.0	2.0

注：* 第 I 类工厂—乳胶浓缩液。

** 第 II 类工厂—标准的兰卡橡胶、绉绸橡胶和罗纹烟熏板。

上述浓度限值是以清洁受纳水体和污水 8 : 1 的比例混合得出，如果稀释倍数低于 8 倍，则容许限值乘以实际稀释的 1/8。

（四）纺织业排放到内陆地表水的废物限值

斯里兰卡《国家环境（保护和质量）条例》中规定了纺织厂排放到内陆地表水的 15 项水环境污染项目（表 1-6）。

表 1-6　纺织厂排放到内陆地表水的废物限值

序号	参数	英文名称	单位类型	限值
1	总悬浮物	Total Suspended Solids	mg/L，小于等于	50
2	温度	Temperature	℃，小于等于	40（在采样点测量）
3	环境温度下的 pH	pH at Ambient Temperature	—	6.5～8.5
4	生化需氧量（BOD$_5$是20℃下五日生化需氧量，BOD$_3$是27℃下三日生化需氧量）	Biochemical Oxygen Demand（BOD$_5$ in five days at 20℃，BOD$_3$ in three days at 27℃）	mg/L，小于等于	60
5	颜色	Colour	波长范围 436 nm（黄色范围） 525 nm（红色范围） 620 nm（蓝色范围）	最大吸光系数 7 m^{-1} 5 m^{-1} 3 m^{-1}

续表

序号	参数	英文名称	单位类型	限值
6	油和油脂	Oils and Greases	mg/L，小于等于	10
7	酚类化合物（以酚羟基计）	Phenolic Compounds（as Phenolic Hydroxyl Group）	mg/L，小于等于	1.0
8	化学需氧量（COD）	Chemical Oxygen Demand（COD）	mg/L，小于等于	250
9	硫化物（以 S 计）	Sulphides（as S）	mg/L，小于等于	2.0
10	氨态氮（以 N 计）	Ammoniacal Nitrogen（as N）	mg/L，小于等于	60
11	总铬（以 Cr 计）	Total Chromium（as Cr）	mg/L，小于等于	2.0
12	六价铬（以 Cr^{6+} 计）	Hexavalent Chromium（as Cr^{6+}）	mg/L，小于等于	0.5
13	铜（以 Cu 计）	Copper（as Cu）	mg/L，小于等于	3.0
14	锌（以 Zn 计）	Zinc（as Zn）	mg/L，小于等于	5.0
15	氯化物（以 Cl 计）	Chlorides（as Cl）	mg/L，小于等于	70

注：上述浓度限值是以清洁受纳水体和污水 8∶1 的比例混合得出，如果稀释倍数低于 8 倍，则容许限值乘以实际稀释的 1/8。

（五）制革业排放废物限值

斯里兰卡《国家环境（保护和质量）条例》中规定了制革业排放废弃物的 12 项水环境污染项目（表 1-7）。

表 1-7　制革业排放废物限值

序号	参数	英文名称	单位类型	限值	
				排放到内陆地表水	排放到海洋沿岸地区
1	环境温度下的 pH	pH at Ambient Temperature	—	5.5～9.0	5.5～9.0
2	总悬浮物	Total Suspended Solids	mg/L，小于等于	100	150
3	生化需氧量（BOD_5 是 20℃下五日生化需氧量，BOD_3 是 27℃下三日生化需氧量）	Biochemical Oxygen Demand（BOD_5 in five days at 20℃，BOD_3 in three days at 27℃）	mg/L，小于等于	60	100
4	化学需氧量（COD）	Chemical Oxygen Demand（COD）	mg/L，小于等于	250	300

续表

序号	参数	英文名称	单位类型	限值	
				排放到内陆地表水	排放到海洋沿岸地区
5	颜色	Colour	波长范围 436 nm（黄色范围） 525 nm（红色范围） 620 nm（蓝色范围）	最大吸光系数 7 m^{-1} 5 m^{-1} 3 m^{-1}	—
6	碱度（以 CaCO$_3$ 计）	Alkalinity（as CaCO$_3$）	mg/L，小于等于	750	—
7	氯化物（以 Cl 计）	Chlorides（as Cl）	mg/L，小于等于	1 000	—
8	六价铬（以 Cr^{6+} 计）	Hexavalent Chromium（as Cr^{6+}）	mg/L，小于等于	0.5	0.5
9	总铬（以 Cr 计）	Total Chromium（as Cr）	mg/L，小于等于	2.0	2.0
10	油和油脂	Oils and Greases	mg/L，小于等于	10	20
11	酚类化合物（以酚羟基计）	Phenolic Compounds（as Phenolic Hydroxyl Group）	mg/L，小于等于	1.0	5.0
12	硫化物（以 S 计）	Sulphides（as S）	mg/L，小于等于	2.0	5.0

注：上述浓度限值是以清洁受纳水体和污水 8∶1 的比例混合得出，如果稀释倍数低于 8 倍，则容许限值乘以实际稀释的 1/8。

（六）污水处理厂的公共下水道排放限值

斯里兰卡《国家环境（保护和质量）条例》中规定了污水处理厂的公共下水道的 28 项水环境污染项目（表 1-8）。

表 1-8　污水处理厂的公共下水道排放限值

序号	参数	英文名称	单位类型	限值
1	总悬浮物	Total Suspended Solids	mg/L，小于等于	500
2	环境温度下的 pH	pH at Ambient Temperature	—	5.5～10.0
3	温度	Temperature	℃，小于等于	45
4	生化需氧量（BOD$_5$ 是 20℃下五日生化需氧量，BOD$_3$ 是 27℃下三日生化需氧量）	Biochemical Oxygen Demand（BOD$_5$ in five days at 20℃，BOD$_3$ in three days at 27℃）	mg/L，小于等于	350
5	化学需氧量（COD）	Chemical Oxygen Demand（COD）	mg/L，小于等于	850
6	总凯氏氮（以 N 计）	Total Kjeldahl Nitrogen（as N）	mg/L，小于等于	500

续表

序号	参数	英文名称	单位类型	限值
7	游离态氨（以 N 计）	Free Ammonia（as N）	mg/L，小于等于	50
8	氨态氮（以 N 计）	Ammoniacal Nitrogen（as N）	mg/L，小于等于	50
9	氰化物（以 CN 计）	Cyanides（as CN）	mg/L，小于等于	2
10	总余氯	Total Residual Chlorine	mg/L，小于等于	3.0
11	氯化物（以 Cl 计）	Chlorides（as Cl）	mg/L，小于等于	900
12	氟化物（以 F 计）	Fluorides（as F）	mg/L，小于等于	20
13	硫化物（以 S 计）	Sulphides（as S）	mg/L，小于等于	5.0
14	硫酸盐（以 SO_4^{2-} 计）	Sulphates（as SO_4^{2-}）	mg/L，小于等于	1 000
15	砷（以 As 计）	Arsenic（as As）	mg/L，小于等于	0.2
16	镉（以 Cd 计）	Cadmium（as Cd）	mg/L，小于等于	1.0
17	总铬（以 Cr 计）	Total Chromium（as Cr）	mg/L，小于等于	2.0
18	铜（以 Cu 计）	Copper（as Cu）	mg/L，小于等于	3.0
19	铅（以 Pb 计）	Lead（as Pb）	mg/L，小于等于	1.0
20	汞（以 Hg 计）	Mercury（as Hg）	mg/L，小于等于	0.005
21	镍（以 Ni 计）	Nickel（as Ni）	mg/L，小于等于	3.0
22	硒（以 Se 计）	Selenium（as Se）	mg/L，小于等于	0.05
23	锌（以 Zn 计）	Zinc（as Zn）	mg/L，小于等于	5.0
24	杀虫剂	Pesticides	mg/L，小于等于	0.2
25	油和油脂	Oils and Greases	mg/L，小于等于	30
26	酚类化合物（以酚羟基计）	Phenolic Compounds（as Phenolic Hydroxyl Group）	mg/L，小于等于	5
27	洗涤剂 / 表面活性剂	Detergents/Surfactants	mg/L，小于等于	50
28	放射性物质： （a）α 发射体； （b）β 发射体	Radioactive Material： （a）Alpha emitters； （b）Beta emitters	μCi/mL，小于等于	10^{-8} 10^{-7}

注：1. 禁止排放高黏性物质。

2. 禁止排放碳化钙污泥。

3. 禁止排放易产生易燃蒸气的物质。

（七）灌溉用地的工业废物浓度限值

斯里兰卡《国家环境（保护和质量）条例》中规定了排放在灌溉用地上的 20 项工业废物的限值（表 1-9）。

表 1-9　灌溉用地的工业废物限值

序号	参数	英文名称	单位类型	限值
1	总溶解性固体	Total Dissolved Solids	mg/L，小于等于	2 100
2	环境温度下的 pH	pH at Ambient Temperature	—	5.5～9.0
3	生化需氧量（BOD_5 是 20℃下五日生化需氧量，BOD_3 是 27℃下三日生化需氧量）	Biochemical Oxygen Demand（BOD_5 in five days at 20℃，BOD_3 in three days at 27℃）	mg/L，小于等于	250 30
4	油和油脂	Oils and Greases	mg/L，小于等于	10
5	化学需氧量（COD）	Chemical Oxygen Demand（COD）	mg/L，小于等于	400
6	氯化物（以 Cl 计）	Chlorides（as Cl）	mg/L，小于等于	600
7	硫酸盐（以 SO_4^{2-} 计）	Sulphates（as SO_4^{2-}）	mg/L，小于等于	1 000
8	硼（以 B 计）	Boron（as B）	mg/L，小于等于	2.0
9	砷（以 As 计）	Arsenic（as As）	mg/L，小于等于	0.2
10	镉（以 Cd 计）	Cadmium（as Cd）	mg/L，小于等于	2.0
11	总铬（以 Cr 计）	Total Chromium（as Cr）	mg/L，小于等于	1.0
12	铅（以 Pb 计）	Lead（as Pb）	mg/L，小于等于	1.0
13	汞（以 Hg 计）	Mercury（as Hg）	mg/L，小于等于	0.01
14	钠吸附率	Sodium Adsorption Ratio（SAR）	—	10～15
15	残留碳酸钠	Residual Sodium Carbonate（RSC）	mol/L，小于等于	2.5
16	电导率	Electrical Conductivity	μS/cm，小于等于	2 250
17	粪便大肠菌群	Fecal Coliform	MPN/100 mL，小于等于	40
18	氰化物（以 CN 计）	Cyanides（as CN）	mg/L，小于等于	0.2
19	铜（以 Cu 计）	Copper（as Cu）	mg/L，小于等于	1.0
20	放射性物质：（a）α 发射体；（b）β 发射体	Radioactive Material：（a）Alpha emitters；（b）Beta emitters	μCi/mL，小于等于	10^{-9} 10^{-8}

适用于不同土壤的水力负荷如表 1-10 所示。

表 1-10　适用于不同土壤的水力负荷　　　　单位：$m^3/(hm^2 \cdot d)$

土壤质地	降解推荐用量 污水
沙土	225～280
沙壤土	170～225
壤土	110～170
黏壤土	55～110
黏土	35～55

第二章　尼泊尔

尼泊尔（Nepal）首都为加德满都（Kathmandu），南亚内陆山国，位于喜马拉雅山南麓，北邻中国，其余三面与印度接壤。全国分北部高山、中部温带和南部亚热带三个气候区。北部冬季最低气温为 -41℃，南部夏季最高气温为 45℃。总面积约为 14.7 万 km²，总人口约为 3 059 万（2023 年），其中 86.2% 信奉印度教，7.8% 信奉佛教，3.8% 信奉伊斯兰教，2.2% 信奉其他宗教。

尼泊尔主要资源有铜、铁、铝、锌、磷、钴、石英、硫黄、褐煤、云母、大理石、石灰石、菱镁矿、木材等，均只得到少量开采。水力资源丰富，水电蕴藏量为 8 300 万 kW，约占世界水电蕴藏量的 2.3%。其中经济和技术上开发可行的装机容量约为 4 200 万 kW。尼泊尔属于农业国，农业人口约占总人口的 70%。耕地面积为 325.1 万 hm²。主要种植大米、甘蔗、茶叶和烟草等农作物，粮食自给率达 97%。工业基础薄弱，规模较小，机械化水平低，发展缓慢，以轻工业和半成品加工为主，主要有制糖、纺织、皮革制鞋、食品加工、香烟和火柴、黄麻加工、砖瓦生产和塑料制品等。

尼泊尔生态环境标准情况见表 2-1。

表 2-1　尼泊尔生态环境标准情况

环境质量标准		污染排放（控制）标准
大气	噪声	大气
环境空气质量标准	国家噪声污染标准	砖窑工业排放标准
		柴油电机排放因子估算
		国家柴油电机排放标准

第一节 尼泊尔环境质量标准

一、大气

2012 年尼泊尔环境部发布的《环境空气质量标准》（第一版修正）中规定了总悬浮颗粒物、PM_{10}、$PM_{2.5}$、臭氧、苯、铅、一氧化碳、二氧化氮、二氧化硫 9 项环境空气质量指标浓度值（表 2-2）。

表 2-2 环境空气质量标准

序号	参数	英文名称	单位	平均时间	空气中的最大浓度
1	总悬浮颗粒物	Total Suspended Particulates（TSP）	$\mu g/m^3$	年平均	—
				24 小时平均 *	230
2	可吸入颗粒物	Particulate Matter 10（PM_{10}）	$\mu g/m^3$	年平均	—
				24 小时平均 *	120
3	二氧化硫	Sulfur Dioxide（SO_2）	$\mu g/m^3$	年平均 **	50
				24 小时平均 *	70
4	二氧化氮	Nitrogen Dioxide（NO_2）	$\mu g/m^3$	年平均	40
				24 小时平均 *	80
5	一氧化碳	Carbon Monoxide（CO）	$\mu g/m^3$	8 小时平均 *	10 000
6	铅	Lead（Pb）	$\mu g/m^3$	年平均 **	0.5
7	苯	Benzene	$\mu g/m^3$	年平均 **	5
8	细颗粒物	Particulate Matter 2.5（$PM_{2.5}$）	$\mu g/m^3$	24 小时平均 *	40
9	臭氧	Ozone（O_3）	$\mu g/m^3$	8 小时平均 *	157

注： * 24 小时和 8 小时的数值在一年中应包含 95% 的时间。该标准允许每个日历年有 18 天超标，但不能连续两天超标。

** 任何特定地区的年平均数应包含至少 104 个数据且每周不少于两次。

二、噪声

尼泊尔环境部于 2012 年出版的《尼泊尔公报》第 62 节的通知中规定了国家噪声污染标准的最高限值（表 2-3）。

表 2-3　国家噪声污染标准　　　　　　　　　　　　单位：dB（A）

区域	限值	
	白天	晚上
工业区	75	70
商业区	65	55
农村地区	45	40
城市地区	55	50
米什里特·阿瓦斯·切特拉	63	55
山塔·切特拉	50	40

第二节　尼泊尔污染排放（控制）标准

一、大气

（一）砖窑工业排放标准

尼泊尔环境科技部通过 2008 年出版的《尼泊尔公报》第 57 节颁布了砖窑工业烟囱高度和排放标准（表 2-4）。

表 2-4　砖窑工业烟囱高度和排放标准

序号	窑炉类型	悬浮颗粒物（最大限值）	烟囱高度（最大限值）
1	牛沟窑（BTK 窑），强制通风（固定烟囱）	600 mg/Nm³	17 m
2	牛沟窑（BTK 窑），自然通风（固定烟囱）	700 mg/Nm³	30 m
3	立轴砖窑（VSBK）	400 mg/Nm³	15 m

注：1. 悬浮颗粒物的数值计算应考虑到参考氧浓度的 10%。
2. 烟囱高度应从地面开始测量。

为减少砖窑的排放负荷并与邻国的排放标准保持一致，尼泊尔环境科技部决定对这些砖窑排放标准进行更新和修订，在对加德满都谷地的 10 座砖窑进行监测后，其建议实行如表 2-5 所示的排放标准。

表 2-5　砖窑排放新标准

参数	标准
牛沟窑和霍夫曼窑	
颗粒物（自然通风窑）	500 mg/Nm³
颗粒物（引风窑）	250 mg/Nm³
烟囱高度（自然通风窑）	30 m
烟囱高度（引风窑）	24 m

注：1. 排放样品应包括充电和非充电条件。
　　2. 颗粒物（PM）的结果应按 4% 的 CO_2 进行标准化处理，具体算法如下：可吸入颗粒物（归一化）= 可吸入颗粒物（测量值 ×4%/CO_2 测量值）。
　　3. 现有的砖窑应在两年内根据这些新标准增加烟囱高度。
　　4. 这些排放标准应通过良好的燃料加注和操作方法 / 安装重力设置室来实现

立轴砖窑（VSBK）	
颗粒物（一轴之和）	250 mg/Nm³
烟囱高度	11 m
混合霍夫曼窑（HHK）	
颗粒物	200 mg/Nm³
烟囱高度	7 m
隧道窑	
颗粒物	100 mg/Nm³
烟囱高度	10 m

注：如果使用煤、木柴和 / 或农业残留物作为燃料，上述标准应适用于不同的窑炉。

　　为减少砖窑的排放负荷，确保修订后的排放标准是可实施的，需修订现有的排放标准。顾问向相关部门建议对砖窑的悬浮颗粒物（SPM）排放标准进行修订，具体见表 2-6。

表 2-6　砖窑悬浮颗粒物修订标准

建议标准	时间节点
450 mg/m³	立即生效（全国范围）
350 mg/m³	对敏感地区立即生效（加德满都谷地和蓝毗尼）
250 mg/m³	2022 年
100 mg/m³	2030 年

（二）柴油电机排放因子估算

排放因子采用美国国家环境保护局公布的固定式柴油机的排放系数 AP-42,《固定源空气排放因子汇编》（第 3.3 节和第 3.4 节），CO、NO_x、PM_{10}、TVOCs、CO_2 和 SO_2 的排放是根据发动机功率和运行时间估算的（由于柴油发电机组所采用的污染控制技术并不明确，所以减排效率为零。因此，得出的排放值不纳入控制范围）。柴油机的排放因子见表 2-7。

表 2-7　柴油机的排放因子

参数	英文名称	新的发动机（小于 15 年）		旧的发动机（大于 15 年）
		排放因子 / [g/（kW·h）]		
		<447 kW	>447 kW	所有的功率
一氧化碳	Carbon Monoxide	4.06	3.2	—
氮氧化物（不受控制）	Nitrogen oxide（uncontrolled）	18.8	14	—
氮氧化物（受控制）	Nitrogen oxide（controlled）	—	7.9	—
可吸入颗粒物	Particulate Matter 10（PM_{10}）	1.34	0.33	4.5
二氧化硫	Sulfur Dioxide（SO_2）	0.18	0.18	—
总挥发性有机化合物	Total VOCs	1.5	0.43	—
二氧化碳	Carbon Dioxide（CO_2）	704	703	—
黑炭	Black Carbon（BC）	0.6 PM_{10}		0.4 PM_{10}
有机碳	Organic Carbon（OC）	0.3 PM_{10}		0.45 PM_{10}

注：硫含量为 350 ppm，SO_2 排放因子为 0.7 g/kg［0.18 g/（kW·h）］。
资料来源：U.S. EPA, 1996; Shah et al., 2007; CPCB, 2011。

（三）国家柴油电机排放标准

尼泊尔环境科技部于 2012 年 10 月为新进口的和正使用的 8～560 kW 的柴油发电机引入了国家柴油发电机排放标准（根据 1997 年《环境保护法》）（表 2-8），但尼泊尔遵循了印度的建筑设备标准。尼泊尔对新进口的和正使用的柴油发电机的排放标准较印度宽松。新进口的柴油发电机设定的排放标准相当于印度第三阶段的标准，正使用的柴油发电机设定的排放标准相当于印度第二阶段的标准。

表 2-8 国家柴油电机排放标准（2012 年）

进口的新发电机排放限值 [g/（kW·h）]

功率类别 /kW （"～"左边包含该数值）	一氧化碳	碳氢化合物 + 氮氧化物	颗粒物
<8	8.00	7.50	0.80
8～19	6.60	7.50	0.80
19～37	5.50	7.50	0.60
37～75	5.00	4.70	0.40
75～130	5.00	4.00	0.30
130～560	3.50	4.00	0.20

注：该标准相当于印度第三阶段的标准

正使用的发电机排放限值 [g/（kW·h）]

功率类别 /kW （"～"左边包含该数值）	一氧化碳	碳氢化合物	氮氧化物	颗粒物
<8	8.00	1.30	9.20	1.00
8～19	6.60	1.30	9.20	0.85
19～37	6.50	1.30	9.20	0.85
37～75	6.50	1.30	9.20	0.85
75～130	5.00	1.30	9.20	0.70
130～560	5.00	1.30	9.20	0.54

注：该标准相当于印度第二阶段的标准。

采样收集点应位于柴油电机烟囱高度的 1/3 处。

测试方法应符合 ISO 8178 标准或等同于制造行业制定的 ISO 8178 标准

第三章　印度

印度共和国（The Republic of India）简称印度，首都为新德里（New Delhi），国土约 298 万 km²（不包括中印边境印占区和克什米尔印度实际控制区等），总人口约为 14.4 亿（2023 年），居世界第二。印度是南亚次大陆最大国家，东北部同中国、尼泊尔、不丹接壤（孟加拉国夹在印度东北国土之间），东部与缅甸为邻，东南部与斯里兰卡隔海相望，西北部与巴基斯坦交界，东临孟加拉湾，西濒阿拉伯海，海岸线长达 5 560 km。

印度的农业由严重缺粮到基本自给，工业形成较为完整的体系，自给能力较强。20 世纪 90 年代以来，服务业发展迅速，占 GDP 比重逐年上升。印度已成为全球软件、金融等服务业重要出口国。印度资源丰富，有矿藏近 100 种。云母产量世界第一，煤和重晶石产量居世界第三。主要资源可采储量估计为煤 3 241.28 亿 t，铁矿石 134.6 亿 t，铝土 6.46 亿 t，铬铁矿 9 700 万 t，锰矿石 1.67 亿 t，锌 743 万 t，铜 529.7 万 t，铅 190 万 t，石灰石 756.79 亿 t，磷酸盐 1.42 亿 t，黄金 68 t，石油 5.87 亿 t，天然气 13 726.4 亿 m³。此外，还有石膏、钻石及钛、钍、铀等资源。森林 80.90 万 km²，覆盖率为 24.62%。主要工业包括纺织、食品加工、化工、制药、钢铁、水泥、采矿、石油和机械等，其中汽车、电子产品制造、航空和空间等新兴工业近年来发展迅速。2022—2023 年，印度工业生产指数同比增长 6.9%，其中电力行业增长 15.1%，采矿业同比增长 6.6%，制造业同比增长 6.1%。印度拥有世界 1/10 的可耕地，面积约 1.5 亿 hm²，人均 0.11 hm²，是世界上最大的粮食生产国之一，农村人口占总人口的 65%。

印度生态环境标准情况见表 3-1。

表 3-1 印度生态环境标准情况

环境质量标准	
大气	环境空气质量标准
固体废物	危险废物浓度限值
噪声	噪声控制标准

污染排放（控制）标准	
大气	水
巴黎石膏工业排放标准	宾馆行业污水排放标准
柴油引擎排放标准	电镀阳极氧化工业污水排放标准
防火材料工业排放标准	防火材料行业工业废水排放标准
电镀阳极氧化工业废气排放标准	一般污水处理厂（CETP）净化标准
钢铁冶炼厂废气排放标准	钢铁冶炼厂工业废水排放标准
谷物处理、面粉研磨厂、研磨厂废气排放标准	谷物处理、面粉厂、研磨厂废水排放标准
火电厂废气排放标准	咖啡产业废水排放标准
硫酸厂废气排放标准	农药厂废水排放标准
农药厂废气排放标准	染料厂废水排放标准
汽油、煤油引擎废气排放标准	石油精炼厂废水排放标准
染料和染料中间体废气排放标准	水泥工业废水排放标准
石化工业废气排放标准	苏打粉产业废水排放标准
石油精炼厂废气排放标准	铁厂回转窑废水排放标准
水泥工业废气排放标准	橡胶处理、生产行业废水排放标准
天然气和液化石油气发动机组废气排放标准	协同处置废物技术水泥工业废水排放标准
铁厂回转窑废气排放标准	腰果加工行业废水排放标准
铜、铅、锌冶炼厂废气排放标准	医疗工业焚烧炉废水排放标准
无协同处置技术水泥工业废气排放标准	医疗工业废水排放标准
橡胶处理、生产行业废气排放标准	制糖工业废水排放标准
协同处置废物技术水泥工业废气排放标准	
腰果加工行业废气排放标准	
一般有害废物焚烧炉废气排放标准	噪声
医疗工业焚烧炉废气排放标准	汽油和煤油引擎噪声控制标准
造纸制浆工业废气排放标准	天然气和液化石油气发动机组噪声控制标准
制糖工业废气排放标准	
砖窑产业废气排放标准	

第一节　印度环境质量标准

一、大气

印度中央政府根据 1986 年《环境（保护）法》（1986 年第 29 号）第 6 条和第 25 条赋予的权力进一步修订《环境（保护）规则》，这些规则成为《环境（保护）（第七修正案）规则》。《环境（保护）（第七修正案）规则》自官方宪报刊登之日起生效。该规则规定了环境空气质量标准中的 12 项污染指标（表 3-2）。

表 3-2　环境空气质量标准

序号	污染物	英文名称	单位	平均时间	环境空气中的浓度	
					工业区、居住区、乡村及其他区域	生态敏感区域
1	二氧化硫	Sulfur Dioxide（SO_2）	$\mu g/m^3$	年平均	50	20
				24 小时平均	80	80
2	二氧化氮	Nitrogen Dioxide（NO_2）	$\mu g/m^3$	年平均	40	30
				24 小时平均	80	80
3	可吸入颗粒物	Particulate Matter 10（PM_{10}）	$\mu g/m^3$	年平均	60	60
				24 小时平均	100	100
4	细颗粒物	Particulate Matter 2.5（$PM_{2.5}$）	$\mu g/m^3$	年平均	40	40
				24 小时平均	60	60
5	臭氧	Ozone（O_3）	$\mu g/m^3$	8 小时平均	100	100
				1 小时平均	180	180
6	铅	Lead（Pb）	$\mu g/m^3$	年平均	0.50	0.50
				24 小时平均	1.0	1.0
7	一氧化碳	Carbon Monoxide（CO）	mg/m^3	8 小时平均	2.0	2.0
				1 小时平均	4.0	4.0
8	氨	Ammonia（NH_3）	$\mu g/m^3$	年平均	100	100
				24 小时平均	400	400
9	苯	Benzene（C_6H_6）	$\mu g/m^3$	年平均	5.0	5.0
10	苯并 [a] 芘	Benzo [a] Pyrene	ng/m^3	年平均	1.0	1.0
11	砷	Arsenic（As）	ng/m^3	年平均	6.0	6.0
12	镍	Nickel（Ni）	ng/m^3	年平均	20	20

注：1. 年平均值为取全年 104 次统一时间间隔内的平均值，每次为某一特定地点每周两次的 24 小时平均值。

2. 24 小时、8 小时、1 小时平均值：一年内 98% 的时间应当遵守上述浓度值，2% 的时间可超出上述范围，但不可连续两天超出浓度限值。

二、固体废物

印度政府在《2008 年危险废物（管理和处置）规则》中规定了以下危险废物的浓度限值，具体见表 3-3～表 3-6。

表 3-3　具有浓度限制的废物成分一览表（A 类：50 mg/kg）

序号	污染物	英文名称
1	锑及其化合物	Antimony and its Compounds
2	砷及其化合物	Arsenic and its Compounds
3	铍及其化合物	Beryllium and its Compounds
4	镉及其化合物	Cadmium and its Compounds
5	铬（六价）化合物	Chromium（hexavalent）Compounds
6	汞及其化合物	Mercury and its Compounds
7	硒及其化合物	Selenium and its Compounds
8	碲及其化合物	Tellurium and its Compounds
9	铊及其化合物	Thallium and its Compounds
10	无机氰化物	Inorganic Cyanides Compounds
11	金属碳基化合物	Metal Carbon-based Compounds
12	萘	Naphthalene
13	蒽	Anthracene
14	菲	Phenanthrene
15	荧蒽、苯并 [*a*] 蒽、苯并 [*a*] 芘、苯并 [*k*] 荧蒽、茚并 [1, 2, 3-*cd*] 芘、苯并 [*g*, *h*, *i*] 芘	Fluoranthene、Benz[*a*]anthracene、Benzo[*a*]pyrene、benzo[*k*]Fluoranthene、Indeno[1, 2, 3-*cd*] pyrene、Benzo[*g*, *h*, *i*]perylene
16	芳香族卤代化合物，如多氯联苯、多氯化萘及其衍生物	Halogenated compounds of aromatic rings, e.g. polychlorinated biphenyls, Polychlorinated naphthalences and their derivatives
17	卤化芳族化合物	Halogenated Aromatic Compounds
18	苯	Benzene
19	有机氯农药	Organo-chlorine Pesticides
20	有机锡化合物	Orango-tin Compounds

表3-4　具有浓度限制的废物成分一览表（B 类：5 000 mg/kg）

序号	污染物	英文名称
1	铬（三价）化合物	Chromium（trivalent）Compounds
2	钴化合物	Cobalt Compounds
3	铜化合物	Copper Compounds
4	铅及其化合物	Lead and its Compounds
5	钼化合物	Molybdenum Compounds
6	镍化合物	Nickel Compounds
7	无机锡化合物	Inorganic Tin Compounds
8	钒化合物	Vanadium Compounds
9	钨化合物	Tungsten Compounds
10	银化合物	Silver Compounds
11	卤代脂肪族化合物	Halogenated Aliphatic Compounds
12	有机磷化合物	Organic Phosphorus Compounds
13	有机过氧化物	Organic Peroxides
14	有机硝基和亚硝基化合物	Organic Nitro and Nitroso Compounds
15	有机偶氮和偶氮化合物	Organic Azo and Azo Compounds
16	腈	Nitrile
17	胺	Amine
18	异氰酸酯和硫氰酸酯	Isocyanates and Thiocyanates
19	苯酚和酚类化合物	Phenols and Phenolic Compounds
20	硫醇	Mercaptans
21	石棉	Asbestos
22	卤化硅	Halogen-silanes
23	肼	Hydrazine
24	氟	Fluorine
25	氯	Chlorine
26	溴	Bromine
27	白磷和红磷	White and Red Phosphorus
28	硅酸铁及其合金	Ferro-silicate and its Alloys
29	硅酸锰	Manganese silicate
30	与潮湿空气或水接触产生酸性蒸气的卤素化合物，如四氯化硅、氯化铝、四氯化钛	Halogen-containing compounds which produce acidic vapours on contact with humid air or water, e.g. silicon tetrachloride, aluminium chloride, titanium tetrachloride

表 3-5   具有浓度限制的废物成分一览表（C 类：20 000 mg/kg）

序号	污染物	英文名称
1	氨及其化合物	Ammonia and its Compounds
2	无机过氧化物	Inorganic Peroxides
3	除硫酸钡外的钡化合物	Barium Compounds except Barium Sulphate
4	氟化合物	Fluorine Compounds
5	磷酸盐化合物，除铝、钙、铁的磷酸盐	Phosphate Compounds except Phosphates of Aluminium，Calcium and iron
6	溴酸盐（次溴酸盐）	Bromates（hypobromites）
7	氯酸盐（次氯酸盐）	Chlorates（hypochlorites）
8	除 A12～A18 以外的其他芳香族化合物	Aromatic compounds other than those listed under A12–A18
9	有机硅化合物	Organic Silicon Compounds
10	有机硫化合物	Organic sulfur compounds
11	碘酸盐	Iodates
12	硝酸盐、亚硝酸盐	Nitrates，Nitrites
13	硫化物	Sulphides
14	锌化合物	Zinc Compounds
15	酸式盐	Acid Salts
16	酰胺	Amides
17	酸酐	Acid Anhydrides

表 3-6   具有浓度限制的废物成分一览表（D 类：50 000 mg/kg）

序号	污染物	英文名称
1	总硫	Total Sulphur
2	无机酸	Inorganic Acids
3	金属硫酸氢盐	Metal Hydrogen Sulphates
4	除氢、碳、硅、铁、铝、钛、锰、镁、钙以外的氧化物和氢氧化物	Oxides and Hydroxides except those of Hydrogen，Carbon，Silicon，Iron，Aluminum，Titanium，Manganese，Magnesium，Calcium
5	除 A12～A18 以外的总烃	Total hydrocarbons other than those listed under A12–A18
6	有机含氧化合物	Organic Oxygen Compounds
7	除氮气以外的有机含氮化合物	Organic Nitrogen Compounds other than Nitrogen
8	氮化物	Nitrides
9	氢化物	Hydrides

E类：没有浓度限制，只要废物有可燃性（燃点在65.6℃以下）、爆炸性、腐蚀性、毒性、致癌致畸致突变性则可被列为危险废物（表3-7、表3-8）。

表3-7　适合再加工/循环利用的废油规范

参数	英文名称	最大允许浓度
多氯联苯	Polychlorinated Biphenyls（PCBs）	<2 ppm
铅	Lead	100 ppm
砷	Arsenic	5 ppm
镉＋铬＋镍	Cadmium+Chromium+Nickel	500 ppm
多环芳烃	Polycyclic Aromatic Hydrocarbons（PAHs）	6%

表3-8　从废油提取燃料的规范

参数	英文名称	最大允许浓度
沉积物	Sediment	0.25%
铅	Lead	100 ppm
砷	Arsenic	5 ppm
镉＋铬＋镍	Cadmium+Chromium+Nickel	500 ppm
多环芳烃	Polycyclic Aromatic Hydrocarbons（PAHs）	6%
总卤素	Total Halogens	4 000 ppm
多氯联苯	Polychlorinated Biphenyls（PCBs）	<2 ppm
硫黄	Sulphur	4.5%
含水量	Water Content	1%

三、噪声

印度在2000年发表的《噪声污染（管理和控制）规范》中规定了各类区域噪声控制限值（表3-9）。

表3-9　噪声控制标准　　　　　　　　　　　　　单位：dB（A）

区域	噪声限值	
	白天	夜晚
工业区域	75	70
商业区域	65	55
居住区域	55	45

续表

区域	噪声限值	
	白天	夜晚
静默区域	50	40

注:1. 白天时间是指早上六时到晚上十时。

2. 夜晚时间是指晚上十时到早上六时。

3. 静默区域是指医院、教育机构、法院、宗教场所或主管当局宣布的任何其他区域周围不少于100 m 的区域。

4. 混合类别区域需要由主管部门公告为上述四类区域之一。

第二节　印度污染排放（控制）标准

一、大气

（一）巴黎石膏工业排放标准

印度中央政府进一步修订《环境（保护）规则》，在 2010 年发布的《环境（保护）（第二修正案）规则》中规定了巴黎石膏工业污染物排放标准，这些标准自官方宪报刊登之日起生效（表 3-10）。

表 3-10　巴黎石膏工业污染物排放标准

污染物	烟囱排放标准	
	产量在 30 t/d 及以下	
	排放源	浓度限值 /（mg/Nm³）
颗粒物（Particulate Matter）	粉碎机	500
	煅烧炉	500
	炉膛 / 碎渣机	150
	产量在 30 t/d 以上	
	煅烧炉	150
	炉膛 / 碎渣机	150

注:产量不超过 30 t/d 的机组，其产生的污染物应通过烟囱排放，烟囱高度应高于地面 10 m 或工业建筑物顶部 3 m（以较高者为准）；产量超过 30 t/d 的机组，烟囱高度应高于地面 30 m 或工业建筑物顶部 3 m（以较高者为准）

续表

污染物	无组织排放标准 /（μg/m³）
颗粒物（Particulate Matter）	2 000

注：无论生产能力如何，无组织排放应在距离污染源（10±1）m 处监测

污染物	生产能力 /（t/d）	浓度限值 /（kg/t 成品）
颗粒物（Particulate Matter）	30 及以下	4.0
	30 以上	1.5

（二）柴油引擎排放标准

印度中央政府进一步修订《环境（保护）规则》，在 2013 年发布的《环境（保护）（第三修正案）规则》中规定了柴油引擎污染物排放限值，这些标准自官方宪报刊登之日起生效（表 3-11）。

表 3-11 柴油引擎污染物排放限值
（适用于 800 kW 以下的新柴油引擎排放，自 2014 年 4 月 1 日起生效）

功率	污染物排放限值			
	氮氧化物和碳氢化合物 /[g/（kW·h）]	一氧化碳 /[g/（kW·h）]	颗粒物 /[g/（kW·h）]	烟排放限值（吸光系数，m⁻¹）
19 kW 及以下	≤7.5	≤3.5	≤0.3	≤0.7
19～75 kW	≤4.7	≤3.5	≤0.3	≤0.7
75～800 kW	≤4.0	≤3.5	≤0.2	≤0.7

注：1. 在整个测试周期中，烟雾不应该超过上述值。
　　2. 测试应按照国际标准化组织 ISO 8178：4 中的 D2-5 模式循环进行。
　　3. 上述排放限值适用于授权机构进行的产品形式认可和合格评定。
　　4. 每个制造商、进口商或装配商（以下简称制造商），其生产或进口的用于发电机组的柴油发动机（以下简称发动机）或在印度组装或进口的柴油发电机组（以下简称产品），都必须获得型号认证，并遵守其产品的排放限值，该限值应在下一个 COP 年或上述修订规范的实施日期有效，二者以较早者为准。
　　5. 发电机组的烟囱高度（以 m 为单位）应根据中央污染控制委员会（CPCB）的指导方针进行管理。

（三）防火材料工业排放标准

印度中央政府进一步修订《环境（保护）规则》，在 2009 年发布的《环境（保护）修正规则》中规定了防火材料工业污染排放标准，这些标准自官方宪报刊登之日起生效（表 3-12）。

表 3-12   防火材料工业污染排放标准

倒焰窑（燃料：煤）			
污染物	窑炉规模	浓度限值 /（mg/Nm³）	烟囱最小高度 /m
颗粒物	小型	350	15
	中型	350	18
	大型	350	21
除倒焰窑（燃料：煤）以外			
颗粒物	小型	300	15
	中型	200	18
	大型	150	21
箱式、隧道式、下通风式倒焰窑 （燃料：天然气 / 煤气 / 液化石油气或混合燃料 / 炉油作为二次燃料）			
颗粒物	小型	200	12
	中型	150	15
	大型	150	18

注：倒焰窑炉类别如下①小型窑炉，年产量小于等于 15 000 t；②中型窑炉，年产量在 15 001～50 000 t；③大型窑炉，年产量在 50 000 t 以上

回转窑（燃料：炉油）			
颗粒物	小型	200	35
	中型	150	45
	大型	150	60

注：回转窑类别如下①小型窑炉，日产量小于等于 50 t；②中型窑炉，日产量在 51～100 t；③大型窑炉，日产量在 100 t 以上

注：1. 所有的颗粒物数值应以 6% 的二氧化碳来校正。
2. 任何工艺或工厂的无组织排放不应该超过 10 mg/m³。
3. 烟囱高度应高于该行业的建筑物、棚或厂房（不包括斗式提升机、磨房和振动筛）的最高处 2 m。
4. 当有一个以上的窑炉连接到单独的烟囱上，则在确定窑炉的容量时会将所有窑炉的生产能力考虑在内，并以总容量执行排放标准和烟囱高度。
5. 在装料中和装料完成后对烟囱进行监测，将这两个结果的平均值视为排放水平。

（四）电镀阳极氧化工业废气排放标准

印度中央政府进一步修订《环境（保护）规则》，在 2012 年发布的《环境（保护）（第二修正案）规则》中规定了电镀阳极氧化工业废气排放标准，这些标准自官方宪报刊登之日起生效（表 3-13）。

表 3-13　电镀阳极氧化工业废气排放标准

废气排放标准（单位为 mg/m³，除非另有说明）		
强制要求的参数		
酸雾（盐酸和硫酸）*	Acid Mist（HCl & H₂SO₄）	50
每个工艺的具体参数		
镍和铬厂		
镍*	Nickel（Ni）	5
六价铬*	Hexavalent Chromium（Cr⁶⁺）	0.5
锌、铜和镉厂		
铅*	Lead（Pb）	10
总氰化物*	Total Cyanides	5

注：废气排放标准应适用于每天耗水 5 m³ 的电镀行业，这些电镀行业应当将产生的废气通过高于地面 10 m 或高于棚顶或建筑物 3 m 的通道排放（以较高者为准）；在 2013 年 1 月 1 日之前，现有新增设备应符合 * 所示污染物的规范。但是，新单位应从工厂投产的时候就开始遵守这些规范。

（五）钢铁冶炼厂工业废气排放标准

印度中央政府进一步修订《环境（保护）规则》，在 2012 年发布的《环境（保护）（第三修正案）规则》中规定了钢铁冶炼厂工业废气排放标准，这些标准自官方宪报刊登之日起生效（表 3-14）。

表 3-14　钢铁冶炼厂工业废气排放标准

焦炉无组织排放			
污染物排放源	新装置（在绿化场地）	重建装置	现有装置
炉门泄漏（leakage from door）	5（PLD）	10（PLD）	10（PLD）
装料盖泄漏（leakage from charging lids）	1（PLL）	1（PLL）	1（PLL）
AP 盖泄漏（leakage from AP Covers）	4（PLO）	4（PLO）	4（PLO）
装料排放（二次 / 装料）	16（with HPLA）	50（with HPLA）	75

注：PLD 是炉门泄漏百分比；PLL 是炉盖泄漏百分比；PLO 是取料口泄漏百分比；HPLA 是指通过鹅颈高压液化喷射器进行吸气

烟囱排放标准					
序号	污染物	英文名称	新建装置（在绿化场地）	重建装置	现有装置
1	二氧化硫 /（mg/Nm³）	Sulfur Dioxide（SO₂）	800	800	800

续表

序号	污染物	英文名称	新建装置（在绿化场地）	重建装置	现有装置
2	氮氧化物 /（mg/Nm³）	Nitrogen Oxide（NO$_x$）	500	500	500
3	颗粒物 /（mg/Nm³）	Particulate Matter	50	50	50
4	冲压装料装置在装料时产生的颗粒物 /（mg/Nm³）	PM during charging of stamp charging batteries	25	25	25
5	用于加热的焦炉煤气中的硫 /（mg/Nm³）	Sulfur in coke oven gas used for heating	800	—	—

无组织排放：苯并 [a] 芘

序号	区域	新建装置（在绿化场地）	重建装置	现有装置
1	装料区（装料顶部）/（μg/m³）	5	5	5
2	焦炉厂其他机组 /（μg/m³）	2	2	2

烧结厂排放标准：颗粒物（Particulate Matter）：150 mg/Nm³

鼓风炉烟囱排放

序号	污染物	英文名称	现有装置	新装置
1	二氧化硫 /（mg/Nm³）	Sulfur Dioxide（SO$_2$）	250	200
2	氮氧化物 /（mg/Nm³）	Nitrogen Oxide（NO$_x$）	150	150
3	颗粒物 /（mg/Nm³）	Particulate Matter	50	30
4	一氧化碳 /%（V/V）	Carbon Monoxide（CO）	1%（最大）	1%（最大）

空间除尘（space dedusting）/鼓风炉区域的其他烟囱

序号	污染物	英文名称	现有装置	新装置
1	颗粒物 /（mg/Nm³）	Particulate Matter	100	50

鼓风炉无组织排放

序号	污染物	英文名称	现有装置	新装置
1	PM$_{10}$/（μg/m³）	Particulate Matter 10（PM$_{10}$）	4 000	3 000
2	二氧化硫 /（μg/m³）	Sulfur Dioxide（SO$_2$）	200	150
3	氮氧化物 /（μg/m³）	Nitrogen Oxide（NO$_x$）	150	120
4	一氧化碳（8 小时）/（μg/m³）	Carbon Monoxide（CO）	5 000	5 000
	一氧化碳（1 小时）/（μg/m³）	Carbon Monoxide（CO）	10 000	10 000

鼓风炉无组织排放				
序号	污染物	英文名称	现有装置	新装置
5	铅（铸造车间扬尘中的铅）/（μg/m³）	Lead, as Pb in fugitive dust at Cast House	2	2

炼钢车间—氧气转炉烟囱排放标准				
序号	污染物	英文名称	现有装置	新装置
1	颗粒物/（mg/Nm³） 吹气/喷枪操作 一般操作	Particulate Matter Blowing/Lancing operation Normal operation	300 150	应该与气体回收两次 应该与气体回收

二次排放烟囱：脱硫除尘、二次提炼等				
序号	污染物	英文名称	现有装置	新装置
1	颗粒物/（mg/Nm³）	Particulate Matter	100	50

炼钢车间—氧气转炉无组织排放				
序号	污染物	英文名称	现有装置	新装置
1	可吸入颗粒物/（μg/m³）	Particulate Matter 10（PM₁₀）	4 000	3 000
2	二氧化硫/（μg/m³）	Sulfur Dioxide（SO₂）	200	150
3	氮氧化物/（μg/m³）	Nitrogen Oxide（NOₓ）	150	150
4	一氧化碳（8小时）/（μg/m³）	Carbon Monoxide（CO）	5 000	5 000
	一氧化碳（1小时）/（μg/m³）	Carbon Monoxide（CO）	10 000	10 000
5	铅（铸造车间扬尘中的铅）/（μg/m³）	Lead, as Pb in fugitive dust at Cast House	2	2

辊轧机排放标准：颗粒物（Particulate matter）：150 mg/Nm³

再加热炉（反焰炉）				
序号	污染物	英文名称	敏感区	其他区
1	颗粒物/（mg/Nm³）	Particulate Matter	150	250

电弧炉排放标准：颗粒物（Particulate Matter）：150 mg/Nm³

感应炉排放标准：颗粒物（Particulate Matter）：150 mg/Nm³

圆顶铸造厂				
序号	污染物	英文名称	熔化能力小于3 t/h	熔化能力大于3 t/h
1	颗粒物/（mg/Nm³）	Particulate Matter	450	150
2	二氧化硫/（mg/Nm³）	Sulfur Dioxide（SO₂）	300，以12%的二氧化碳值校正	

续表

煅烧厂、石灰窑、白云石窑				
序号	污染物	英文名称	生产能力小于等于 40 t/d	生产能力大于 40 t/d
1	颗粒物 /（mg/Nm³）	Particulate Matter	500	150
耐火材料单元排放标准：颗粒物（Particulate Matter）：150 mg/Nm³				

注：1. 每个工艺烟囱的高度应至少为 30 m，或按照公式 $H=14Q^{0.3}$（以较高者为准）计算确定工艺烟囱的高度，其中"H"为烟囱高度（m）；"Q"为在工厂的额定容量下通过烟囱排放的 SO_2 最大量（kg/h）。

　　2. 有独立的气体排放烟囱的工厂，该烟囱的高度应等于工厂主烟囱的高度或 30 m，以较高者为准。

　　3. 废气应通过烟囱排放，用于气体排放的烟囱的直径应至少是冲天炉直径的 6 倍。

　　4. 对于电弧炉和感应炉，应规定在将烟气通过排放口排放之前，对其进行收集。

　　5. 铸造厂应安装洗涤器，然后在装料门外的冲天炉上安装至少为冲天炉直径 6 倍的烟囱。

　　6. 回收型转换器应安装在新工厂或扩建项目中。

在 1986 年《环境（保护）规则》附表六"一般排放标准"第 D 部分"负荷质量标准"中，在序号 5"焦炉"及其相关条目中，应插入以下条目，见表 3-15。

表 3-15　插入条目

参数	负荷
焦炉中的一氧化碳	3 kg/t 焦炭
在焦炉推焦过程中的颗粒物	5 g/t 焦炭
炼焦炉淬火操作中的颗粒物质	50 g/t 焦炭

（六）谷物处理、面粉研磨厂、研磨厂废气排放标准

印度中央政府进一步修订《环境（保护）规则》，在 2012 年发布的《环境（保护）修正规则》中规定了谷物处理、面粉研磨厂、研磨厂废气排放标准，这些标准自官方宪报刊登之日起生效（表 3-16）。

表 3-16　谷物处理、面粉研磨厂、研磨厂废气排放标准

污染物	英文名称	生产能力 /（t/h）	浓度限值 /（mg/Nm³）
颗粒物	Particulate Matter	1～3	150
		大于 3	100

注：所有会产生颗粒物的装备都应安装除尘装置。

袋式除尘装置应该连接高度为 12 m 或者高于工厂建筑物顶部 2 m 的烟囱。

工厂应当通过高度为 12 m 或者高于工厂建筑物顶部 2 m 的烟囱疏导车间 / 无组织排放。

（七）火电厂废气排放标准

印度中央政府进一步修订《环境（保护）规则》，在 2015 年发布的《环境（保护）修正规则》中规定了火电厂废气排放标准，这些标准自官方宪报刊登之日起生效（表 3-17）。

表 3-17　火电厂废气排放标准

序号	污染物	英文名称	浓度限值 /（mg/Nm³）
2003 年 12 月 31 日之前安装的火电机组			
1	颗粒物	Particulate Matter	100
2	二氧化硫 /（μg/m³）	Sulfur Dioxide（SO_2）	600（小于 500 MW 的机组） 200（大于等于 500 MW 的机组）
3	氮氧化物 /（μg/m³）	Nitrogen Oxide（NO_x）	600
4	汞	Mercury（Hg）	0.03（大于等于 500 MW 的机组）
2003 年 12 月 31 日至 2016 年 12 月 31 日安装的机组			
1	颗粒物	Particulate Matter	50
2	二氧化硫	Sulfur Dioxide（SO_2）	600（小于 500 MW 的机组） 200（大于等于 500 MW 的机组）
3	氮氧化物	Nitrogen Oxide（NO_x）	300
4	汞	Mercury（Hg）	0.03
2017 年 1 月 1 日起安装的机组			
1	颗粒物	Particulate Matter	30
2	二氧化硫	Sulfur Dioxide（SO_2）	100
3	氮氧化物	Nitrogen Oxide（NO_x）	100
4	汞	Mercury（Hg）	0.03

注：火电厂机组应在该规则出版的两年内满足污染物排放的浓度限值（包括所有已获环境许可以及在建的火电机组）。

（八）硫酸厂废气排放标准

印度中央政府进一步修订《环境（保护）规则》，在 2008 年发布的《环境（保护）（第三修正案）规则》中规定了硫酸厂废气排放标准，这些标准自官方宪报刊登之日起生效（表 3-18）。

表 3-18　硫酸厂废气排放标准

污染物	英文名称	100% 硫酸浓度计的生产量 /（t/d）	浓度限值 /（mg/Nm³）	
			现有装置	新装置
二氧化硫	Sulfur Dioxide（SO₂）	300 及以下	1 370	1 250
		300 以上	1 250	950
酸雾 / 三氧化硫	Acid Mist/Sulfur Trioxide	300 及以下	90	70
		300 以上	70	50

注：1. 洗涤装置必须配备具有自动记录功能的在线 pH 计。

2. 排放二氧化硫或酸雾的烟囱高度最少应为 30 m，或按照公式 $H=14Q^{0.3}$（以较高者为准）计算确定烟囱的高度，式中，"H" 为堆叠高度（m）；"Q" 是预计在工厂的额定容量下通过烟囱排放的 SO₂ 最大量。

3. 在一个地点有多个硫酸流或硫酸单元的工厂，在确定堆叠高度和排放标准的适用性时，应考虑所有硫酸流或硫酸单元的容量。

在 1986 年《环境（保护）规则》附表六第 D 部分 "负荷质量标准" 中，在序号 4 中，对于现有的项目，应被以下条目替代，具体见表 3-19。

表 3-19　替换条目

污染物	英文名称	100% 硫酸浓度计的生产量 /（t/d）	浓度限值 /（kg/t）	
			现有装置	新装置
二氧化硫	Sulfur Dioxide（SO₂）	300 及以下	2.5	2.0
		300 以上	2.0	1.5

（九）农药厂废气排放标准

印度中央政府进一步修订《环境（保护）规则》，在 2011 年发布的《环境（保护）（第五修正案）规则》中规定了农药厂废气排放标准，这些标准自官方宪报刊登之日起生效（表 3-20）。

表 3-20　农药厂废气排放标准

一般设备排放标准			
序号	污染物	化学式 / 英文名称	浓度限值 /（mg/Nm³）
1	氯化氢	HCl	20
2	氯气	Cl₂	5
3	硫化氢	H₂S	5
4	五氧化二磷（以磷酸计）	P₂O₅（as H₃PO₄）	10
5	氨气	NH₃	30

续表

一般设备排放标准

序号	污染物	化学式 / 英文名称	浓度限值 /（mg/Nm³）
6	以颗粒物形式存在的农药化合物	Pesticide Compounds in the form of Particulate Matter	20
7	甲基氯	CH_3Cl	20
8	氢溴酸	HBr	5

焚化炉废气排放标准

序号	污染物	化学式 / 英文名称	浓度限值 /（mg/Nm³，除非特殊说明）	采样持续时间 /（min，除非特殊说明）
1	颗粒物	Particulate Matter	50	30 或更多（用于 300 L 废气的取样）
2	氯化氢	HCl	50	30
3	二氧化硫	Sulfur Dioxide（SO_2）	200	30
4	一氧化碳	Carbon Monoxide（CO）	100	日平均
5	总有机碳	Total Organic Carbon（TOC）	20	30
6	总二噁英和呋喃	Total Dioxins and Furans	现有焚化炉 0.2 ngTEQ/Nm³	8 小时
			新焚化炉 0.1 ngTEQ/Nm³	8 小时
7	锑、砷、铅、铬、钴、铜、锰、镍和钒及其化合物	Sb、As、Pb、Cr、Co、Cu、Mn、Ni、V and their compounds	1.5	2 小时

注：1. 所有检测值应以干燥基中 11% 的氧气浓度来校正。

2. 尾气中 CO_2 的浓度不少于 7%。

3. 当卤化有机物在输入废物中的重量低于 1% 时，单室焚烧炉内所有设施的设计应使炉内的最低温度达到 1 100℃。对于基于流化床技术的焚烧炉，温度应保持在 950℃。

4. 当卤化有机物在输入废物中的重量大于 1% 时，则只能采用双式焚烧炉进行焚烧，所有设施的设计应达到一次燃烧室最低温度（850 ± 25）℃，二次燃烧室最低温度为 1 100℃，气体在二次燃烧室的停留时间不得少于 2 s。

5. 用于洗涤排放物的洗涤器不得用于淬火器。

6. 燃烧室的运行温度、停留时间和湍流度应达到上述标准。焚烧灰渣中总有机碳含量应低于 3%，点火损失低于干重的 5%，如果不符合要求，则视情况重新焚烧灰渣。

7. 焚烧炉应具有至少 30 m 高的烟囱。

（十）汽油、煤油引擎废气排放标准

印度中央政府进一步修订《环境（保护）规则》，在 2013 年发布的《环境（保护）（第二修正案）规则》中规定了汽油、煤油引擎废气排放标准，这些标准自官方宪报刊登之日起生效（表 3-21）。

表 3-21 汽油、煤油引擎废气排放标准

级别	排量（CC*）	一氧化碳 / [g/（kW·h）]	碳氢化合物和氮氧化物 / [g/（kW·h）]
1	99 以下	≤250	≤12
2	99～225	≤250	≤10
3	225 以上	≤250	≤8

注：1. 测试方法应符合小型多用途发动机气体废气排放测量的测试程序（SAE J 1088）的规定，测量模式应是国际标准化组织 ISO 8178 规定的 D1-3 模式循环：第 4 部分（100% 负载的加权系数为 0.3，75% 负载的加权系数为 0.5，50% 负载的加权系数为 0.2）。
  2. 以下所有机构均应在制造阶段测试和认证汽油和煤油发电机组的排放标准，即印度汽车研究协会、国际汽车技术中心、印度石油公司、研究和发展中心、车辆研究开发机构。
  3. 在本标准公布日期之前颁发的、有效期至 2014 年 5 月 31 日及以后的排放标准的型号批准书或生产合格证，应结合上述规定重新颁发。

（十一）染料和染料中间体废气排放标准

印度中央政府进一步修订《环境（保护）规则》，在 2014 年发布的《环境（保护）（第四修正案）规则》中规定了染料和染料中间体废气排放标准，这些标准自官方宪报刊登之日起生效（表 3-22）。

表 3-22 染料和染料中间体废气排放标准

序号	污染物	英文名称	浓度限值 /（mg/Nm³，除非另有说明）
		排放标准（一般工艺）	
1	硫氧化物	Sulfur oxides（SO_x）	200
2	盐酸（酸雾）	HCl（mist）	35
3	氨	Ammonia（NH_3）	30
4	氯气	Chlorine（Cl_2）	15

注：所有工艺通风口的烟囱高度应高于安装设备的棚屋或建筑物至少 2 m

注：* 1 CC=1 mL。

续表

	自备焚烧炉的排放标准			
序号	污染物	英文名称	浓度限值 /（mg/Nm³，除非特殊说明）	采样持续时间 /（min，除非特殊说明）
1	颗粒物	Particulate Matter	50	30 或更多（用于 300 L 废气的取样）
2	盐酸（酸雾）	HCl（Mist）	50	30
3	二氧化硫	Sulfur Dioxide（SO₂）	200	30
4	一氧化碳	Carbon Monoxide（CO）	100	日平均
5	总有机碳	Total Organic Carbon（TOC）	20	30
6	总二噁英和呋喃	Total Dioxins and Furans	0.1 ngTEQ/Nm³	8 小时
7	锑、砷、铅、铬、钴、铜、锰、镍和钒及其化合物	Sb、As、Pb、Cr、Co、Cu、Mn、Ni、V and their compounds	1.5	2 小时

注：1. 所有监测值都通过 11% 的氧气来校正。

2. 尾气中二氧化碳的浓度不应少于 7%。

3. 卤化有机物在输入废物中的重量小于 1%。

4. 双室焚烧炉所有设施的设计应使主室的最低温度达到（850±25）℃，副燃烧室达到 950℃，并且气体在副燃烧室的停留时间不少于 2 s。

（十二）石化工业废气排放标准

印度中央政府进一步修订《环境（保护）规则》，在 2012 年发布的《环境（保护）（第四修正案）规则》中规定了石化工业废气排放标准，这些标准自官方宪报刊登之日起生效（表 3-23）。

表 3-23　石化工业废气排放标准

	烟囱排放标准				
序号	污染物	英文名称	浓度限值 /（mg/Nm³，除非特殊说明）		
			燃料类型	现有工厂	新工厂 / 现有工厂扩建
1	二氧化硫	Sulfur Dioxide（SO₂）	气体	50	50
			液体	1 700	850

续表

序号	污染物	英文名称	浓度限值 /（mg/Nm³, 除非特殊说明）		
			燃料类型	现有工厂	新工厂 / 现有工厂扩建
2	氮氧化物	Nitrogen Oxide（NO$_x$）	气体	350	250
			液体	450	350
3	颗粒物	Particulate Matter	气体	10	5
			液体	100	50
4	一氧化碳	Carbon Monoxide（CO）	气体	150	100
			液体	200	150

注：1. 所有数值应以 3% 的氧气浓度来校正。

　　2. 湿式除尘器必须在除焦时运行。

　　3. 只有邻苯二甲酸酐（PA）、马来酸酐（MA）、对苯二甲酸（PTA）和对苯二甲酸二甲酯（DMT）工厂应监测 CO。一氧化碳排放标准不适用于装机容量小于 30 000 t 的现有独立的 PA/MA 生产装置，但这些装置必须有一个至少 30 m 高的一氧化碳排放烟囱

加工过程排放（特定污染物）

序号	污染物	英文名称	浓度限值 /（mg/Nm³）	
			现有工厂	新建工厂
1	氯气	Chlorine	10	10
2	盐酸雾	Hydrochloric Acid Mist	30	30
3	氨	Ammonia	75	75
4	硫化氢	Hydrogen Sulfide	5	5
5	光气	Phosgene	1	1
6	氰化氢	Hydrogen Cyanide（HCN）	10	10
7	挥发性有机化合物（芳香族异氰酸酯）	VOC（Aromatic Isocyanate）	0.1	0.1
8	挥发性有机化合物（苯和丁二烯）	VOC（Benzene and Butadiene）	5	5
9	挥发性有机化合物（环氧乙烷、氯乙烯单体、二氯乙烷、乙腈、聚烯烃）	VOC（EO, VCM, EDC, ACN and PO）	20	10
10	有机颗粒物	Organic Particulate	50	25

加工过程排放（一般污染物）			
序号	污染物	英文名称	浓度限值（mg/Nm³）
1	挥发性有机化合物（丙烯酸甲酯、聚酰胺、苯酚）	VOC（MA，PA and Phenol）	20
2	挥发性有机化合物（乙苯、乙二醇、丙二醇、苯乙烯、甲苯、二甲苯、芳烃）	VOC（EB，EG，PG，Styrene，Toluene，Xylene，Aromatic）	100
3	挥发性有机化合物（石蜡、丙酮、烯烃）	VOC（Paraffin，Acetone and Olefin）	150

注：对于无组织排放标准下挥发性液体的存储为一般石化/石油产品。

1. 容量在 4～75 m³，总蒸汽压（TVP）超过 10 kPa 的储罐，应设有永久性顶盖，并应配有泄气阀。

2. 容量在 75～500 m³，总蒸汽压（TVP）为 10～76 kPa 的储罐，应设有内部浮顶或外部浮顶并带有蒸汽控制或蒸汽平衡系统。

3. 容量在 500 m³ 以上，总蒸汽压（TVP）为 10～76 kPa 的储罐，应设有内部浮顶或外部浮顶或带有蒸汽控制系统的固定顶。

4. 容量在 500 m³ 以上，总蒸汽压在 76 kPa 以上的储罐，应安装带蒸汽控制系统的固定顶。

5. 浮顶罐密封要求：

1） a. 内浮顶罐（IFRT）和外浮顶罐（EFRT）应采用双重密封，蒸汽回收率最低为 96%。

　　b. 外浮顶罐应首先用液体密封，内部应用蒸汽密封，最大密封间隙宽度为 4 cm，最大间隙面积为 200 cm²。

　　c. 二次封装应安装在边缘上，最大密封间隙宽度为 1.3 cm，最大封装间隙面积为 20 cm²。

　　d. 密封材料应确保高性能和耐久性。

2）固定顶罐应有 95% 的蒸汽控制效率和 90% 的蒸汽平衡效率。

3） a. 储罐的检查和保养应在严格控制下进行；

　　b. 在检验时，可采用 API RP 575；

　　c. 每半年对密封间隙进行一次密封间隙检查，并及时修复；

　　d. 须检查两者是否可进行及时维修。

4）储油罐须涂上白色阴影，但有损视觉敏感的地方除外。

（十三）石油精炼厂废气排放标准

印度中央政府进一步修订《环境（保护）规则》，在 2008 年发布的《环境（保护）修正规则》中规定了石油精炼厂废气排放标准，这些标准自官方宪报刊登之日起生效（表 3-24）。

表 3-24　石油精炼厂废气排放标准

炉、锅炉、自备电厂排放标准

序号	污染物	英文名称	浓度限值 / （mg/Nm³，除非特殊说明）		
			燃料类型	现有精炼厂	新精炼厂 / 炉 / 锅炉
1	二氧化硫	Sulfur Dioxide（SO₂）	气体	50	50
			液体	1 700	850
2	氮氧化物	Nitrogen Oxide（NOₓ）	气体	350	250
			液体	450	350
3	颗粒物	Particulate Matter	气体	10	05
			液体	100	50
4	一氧化碳	Carbon Monoxide（CO）	气体	150	100
			液体	200	150
5	镍和钒	Nickel and Vanadium（Ni+V）	液体	5	5
6	燃气中的硫化氢	Hydrogen Sulfide（H₂S）in fuel gas	液体 / 气体	150	150
7	液体燃料中的硫黄含量	Sulphur content in liquid fuel	液体 / 气体	1.0%	0.5%

注：1. 混合使用燃料（气液混合）的，以气液燃料供热为主。
　　2. 所有热输入量为 1 000 万 kcal*/h 或以上的炉 / 锅炉均应配备连续监测 SO₂ 和 NOₓ 的系统，这些炉或锅炉的所有排放参数应每两个月进行一次人工监测。
　　3. 热输入量低于 1 000 万 kcal/h 的炉 / 锅炉均应每 3 个月监测一次所有的排放参数。
　　4. 连续监测时，一个月 98% 的时间应该符合 1 小时的平均浓度值，人工监测得到的浓度值超过限定浓度的视为不合格。
　　5. 应报告液体燃料中镍和钒含量（ppm）数据，在液体燃料来源和质量未发生变化的情况下，液体燃料中的镍和钒至少每半年监测一次，如果发生了更改，则在每次更改后都需要进行测量

FCC（硫化催化裂化）蓄热室

序号	污染物	英文名称	污染物浓度限值 / （mg/Nm³）		
			水电加工过的 FCC 料（现有精炼厂）	其他水电加工过的 FCC 料（现有精炼厂）	新精炼厂 /FCC
1	二氧化硫	Sulfur Dioxide（SO₂）	500	1 700	500（用于加氢处理的进料）850（其他进料）

注：* 1 kcal=4.184×10³ J。

续表

序号	污染物	英文名称	污染物浓度限值 /（mg/Nm³）		
			水电加工过的 FCC 料（现有精炼厂）	其他水电加工过的 FCC 料（现有精炼厂）	新精炼厂 /FCC
2	氮氧化物	Nitrogen Oxide（NO$_x$）	400	450	350
3	颗粒物	Particulate Matter	100	100	50
4	一氧化碳	Carbon Monoxide（CO）	400	400	300
5	镍和钒	Nickel and Vanadium（Ni+V）	2	5	2
6	不透明度 /%	Opacity/%	30	30	30

注：1. 如果部分进料是加氢处理的，排放值应根据未处理和处理的投料速率成比例计算。

2. FCC 再生器应该具有连续监测 SO$_2$ 和 NO$_x$ 的系统，连续监测时，一个月 98% 的时间应符合 1 小时的平均浓度值，对所有排放参数应每两个月监测一次。

3. 人工监测得到的浓度值超过限定浓度值的，视为不合格。

4. 硫黄数据（重量 %）、FCC 进料中的镍和钒（ppm）含量应定期报告。

5. CO 的排放值除了锅炉年度停炉期间应该严格遵守排放限值

硫黄回收单元（SRU）

序号	参数	英文名称	生产能力 /（t/d）	现有的 SRU	新的 SRU
1	硫黄回收率 /%	Sulphur recovery/%	20 以上	98.7	99.5
	硫化氢 /（mg/Nm³）	H$_2$S/（mg/Nm³）		15	10
2	硫黄回收率 /%	Sulphur recovery/%	5～20	96	98
			1～5	94	96
3	氮氧化物 /（mg/Nm³）	Nitrogen Oxide（NO$_x$）/（mg/Nm³）	所有产量	350	250
4	一氧化碳 /（mg/Nm³）	Carbon Monoxide（CO）/（mg/Nm³）	所有产量	150	100

注：产量在 20 t/d 以上的硫黄回收单元应安装 SO$_2$ 连续监测系统，所有的排放参数应在一个月监测一次；硫氧化物的排放数据（mg/Nm³）应定期报告；硫黄回收效率应用饲料中到 SRU 的硫和回收硫的数量按月计算

公路油罐车 / 尾罐车装载排放控制

汽油和石脑油		甲苯 / 二甲苯	
VOC 减量 /%	99.5	VOC 减量 /%	99.98
排放量 /（mg/m³）	5	排放量 /（mg/m³）	150

续表

公路油罐车 / 尾罐车装载排放控制	
苯	
VOC 减量 /%	99.99
排放量 /（mg/m³）	20

注：以上适用于汽油、石脑油、苯、甲苯、二甲苯；公路油罐车应有顶部装载，尾罐车应有顶部沉载；应做收集蒸汽的年度泄漏测试

设备泄漏排放标准				
部件	一般碳氢化合物 /ppm		苯 /ppm	
	2008 年 12 月 31 日之前	2009 年 1 月 1 日开始	2008 年 12 月 31 日之前	2009 年 1 月 1 日开始
泵 / 压缩机	10 000	5 000	3 000	2 000
阀门 / 法兰	10 000	3 000	2 000	1 000
其他部件	10 000	3 000	2 000	1 000

（十四）水泥工业废气排放标准

印度中央政府进一步修订《环境（保护）规则》，在 2014 年发布的《环境（保护）（第五修正案）规则》中规定了水泥工业废气排放标准，这些标准自官方宪报刊登之日起生效（表 3-25）。

表 3-25　水泥工业（没有协同处理、独立熟料厂或混合设备）废气排放标准

序号	污染物	英文名称	回转窑污染物排放标准		
			执行日期	位置	浓度限值 /（mg/Nm³）
1	颗粒物	Particulate Matter	下达通知起或以后	国家的任何地方	30（自 2016 年 1 月 1 日起生效）
			下达通知日期之前	重污染区域或城市中心污染物超过 10 万单位或其周围 5 km² 区域	50（自 2015 年 1 月 1 日起生效）
					30（自 2016 年 6 月 1 日起生效）
				除重污染区域和城市中心以外的区域	100（自 2015 年 1 月 1 日起生效）
					30（自 2016 年 6 月 1 日起生效）
2	二氧化硫	Sulfur Dioxide（SO₂）	不管试运行日期	国家的任何地方	100
3	二氧化氮	Nitrogen Dioxide（NO₂）	下达通知起或以后	国家的任何地方	600（自 2015 年 6 月 1 日起生效）
			下达通知日期之前	国家的任何地方	800（自 2016 年 1 月 1 日起生效）

续表

序号	污染物	英文名称	立轴窑污染物排放标准		
			执行日期	位置	浓度限值（mg/Nm³）
1	颗粒物	Particulate Matter	下达通知起或以后	国家的任何位置	50（自 2016 年 6 月 1 日起生效）
			下达通知日期之前	重污染区域或人口超过 10 万的地区及其周边半径为 5 km 的区域	100（自 2015 年 6 月 1 日起生效） 75（自 2016 年 6 月 1 日起生效）
				除重污染区域和城市中心以外的区域	150（自 2015 年 1 月 1 日起生效）
2	二氧化硫	Sulfur Dioxide（SO₂）	—	—	200（自 2016 年 1 月 1 日起生效）
3	二氧化氮	Nitrogen Dioxide（NO₂）	—	—	500（自 2016 年 1 月 1 日起生效）

注：1. 包括熟料研磨厂、磨煤机、生料研磨厂、研磨、包装部门等在内的每个烟囱的高度应至少为 30 m，或根据公式 $H=14Q^{0.3}$（以较高者为准）计算确定烟囱的高度。其中"H"为烟囱的高度（m），"Q"为在烟囱 100% 的额定容量下预计通过烟囱排放的 SO_2 最大量（kg/h），并按照气体排放标准进行计算。

2. 即使石油焦与煤混合，或单独用于窑炉中的熟料生产，只要石油焦被列为有关国家污染控制委员会根据 1981 年《空气（预防和控制污染）法》规定的"批准的燃料"，上述规范也应适用。

3. 所有监测到的 SO_2 和 NO_2 的数值都应以 10% 的氧气含量进行校正。SO_2 和 NO_2 的规范应适用于附属于窑炉的烟囱。

4. 用于洗涤排放物的洗涤器不得作为淬火器使用。在具有用于洗涤装置气体的单独烟囱的工厂中，该烟囱的高度应至少等于主烟囱的高度，以便为洗涤装置的气体排放提供单独的烟囱。

在 1986 年《环境（保护）规则》的附表六关于一般排放标准的第 D 部分中，在关于负载质量标准的第Ⅲ项中，在序号 9 及其相关条目之后，增加以下序号和条目，具体见表 3-26。

表 3-26　增加序号和条目

参数	负荷
以回转窑为主的工厂（从生料磨、窑炉和预煅烧系统一起投入的颗粒物）	0.125 kg/t 熟料（自 2017 年 1 月 1 日起生效）
以立轴窑为主的工厂（从生料磨和窑炉一起投入的颗粒物）	0.50 kg/t 熟料（自 2017 年 1 月 1 日起生效）

（十五）天然气和液化石油气发动机组废气排放标准

印度中央政府进一步修订《环境（保护）规则》，在 2016 年发布的《环境（保护）（第三修正案）规则》中规定了天然气和液化石油气发动机组废气排放标准，这些标准自官方宪报刊登之日起生效（表 3-27）。

表 3-27　天然气和液化石油气发动机组废气排放标准

功率类别	专用天然气或液化石油气发电机组排放标准 / [g/（kW·h）]	
	NO_x+NMHC 或 NO_x+RHC	CO
19 kW 及以下	≤7.5	≤3.5
19～75 kW	≤4.7	≤3.5
75～800 kW	≤4.0	≤3.5

注：NO_x 为氮氧化物，CO 为一氧化碳，NMHC 为非甲烷总烃，RHC 为反应性碳氢化合物；专用天然气（NG）或液化石油气（LPG）发电机组是指单燃料发电机组启动和运行一次仅使用一种燃料；如果是专用 NG 或 LPG 发电机组发动机，则应测量 NO_x+NMHC 或 NO_x+RHC，NG 的 NMHC 等于总碳氢化合物的 0.3，LPG 的 RHC 等于总碳氢化合物的 0.5；本标准规范适用于原始设备制造商（OEM）建造的专用 NG 或 LPG 发电机组引擎；上述排放限值适用于授权机构进行的产品型号认可合格认定（COP）；相关机构应承担发动机产品排放标准的型式认可和生产合格检验工作，并出具符合规定的证书；发电机组的烟囱高度应根据中央污染控制委员会（CPCB）的指导方针进行管理

汽油和天然气或汽油和液化石油气发电机组排放标准		
发动机排量 /CC	CO/ [g/（kW·h）]	NO_x+THC/NO_x+NMHC/ NO_x+RHC/ [g/（kW·h）]
99 及以下	≤250	≤12
大于 99，小于 225	≤250	≤10
大于等于 225，小于等于 400	≤250	≤8

注：THC 为总碳氢化合物；双燃料发动机运行是指在整个发动机运行区域内，以汽油为主要燃料，以 NG 或 LPG 作为补充燃料的双燃料系统，两者按照一定的比例填充在发动机中运行。这种双燃料发电机组可以在没有气体燃料（NG 或 LPPG）的情况下以柴油独立模式运行；NG 的 NMHC 等于总碳氢化合物的 0.3，LPG 的 RHC 等于总碳氢化合物的 0.5。本规范适用于原始设备制造商（OEM）制造的汽油和 NG 或汽油和 LPG 以火花点火（排量小于等于 400 CC）的发电机组（小于等于 19 kW），不允许将现有汽油发动机改装或改装为使用汽油和天然气或汽油和液化石油气；上述排放限值适用于 COP 进行的型式认可和生产符合性，上表规定的排放限值应在汽油或汽油和 NG 或汽油和液化石油气双燃料模式下分别满足；相关机构应当对发动机产品的排放标准进行型式认可和生产符合性验证，并颁发符合规定规范的证书；NO_x+THC 应以双燃料运行模式下汽油的排放量来测量，NO_x+NMHC 或 NO_x+RHC 应分别在汽油和 NG 或汽油和液化石油气燃料操作模式下进行测量

续表

柴油和天然气或柴油和液化石油气的发电机组排放标准				
功率类别	污染物排放限值 / [g/（kW·h）]			烟雾排放限值（吸光系数，m^{-1}）
	NO$_x$+THC 或 NO$_x$+NMHC 或 RHC	CO	PM	
19 kW 及以下	≤7.5	≤3.5	≤0.3	≤0.7
19～75 kW	≤4.7	≤3.5	≤0.3	≤0.7
75～800 kW	≤4.0	≤3.5	≤0.3	≤0.7

注：双燃料发动机的运行是指一个双燃料系统，以柴油为主要燃料，以 NG 或 LPG 为补充燃料，两者在整个发动机运行区都有一定比例，这种双燃料在没有气体燃料即 NG 或 LPG 的情况下，以独立模式运行；当仅使用柴油作为燃料时，应测量 NO$_x$+THC 的排放量，NO$_x$+NMHC 或 NO$_x$+RHC 应在柴油和 NG 或柴油和 LPG 的情况下测量；如果是 NG，NMHC 应等于 0.3×THC，如果是 LPG，RHC 应等于 0.5×THC。这些标准应适用于原始设备制造商（OEM）制造的柴油和 NG 或 LPG 发电机组，对于将现有的柴油机进行改装或加装以使用柴油和 NG 或柴油和 LPG 的行为是不允许的。上述排放限值应适用于由授权机构进行的型号认证和生产符合性认证。对于柴油和天然气或柴油和液化石油气双燃料发动机的型号认证和生产合格证运作的发动机，必须满足表中规定的排放和烟雾限制；相关机构应承担型号审批和生产符合性的核查工作，并颁发符合规定标准的证书；发电机组的烟囱高度（m）应按照中央污染控制委员会（CPCB）的指导方针进行管理；NO$_x$+THC 应按双燃料运行模式下的柴油单独排放来测量。NO$_x$+NMHC 或 NO$_x$+RHC 应分别在柴油和 NG 或柴油和 LPG 燃料的运行模式下进行测量；当使用柴油作为燃料时，应使用烟雾和颗粒物的排放标准。烟雾不得超过表中规定的在整个测试周期的工作负荷点

（十六）铁厂回转窑废气排放标准

印度中央政府进一步修订《环境（保护）规则》，在 2008 年发布的《环境（保护）（第四修正案）规则》中规定了铁厂回转窑废气排放标准，这些标准自官方宪报刊登之日起生效（表 3-28）。

表 3-28　铁厂回转窑废气排放标准

工业	污染物	英文名称	排放限值	
			燃料类型	浓度限值
铁厂（回转窑）	颗粒物	Particulate Matter	煤炭	100 mg/Nm^3
	颗粒物	Particulate Matter	天然气	50 mg/Nm^3
	一氧化碳（体积分数）	Carbon Monoxide（CO）	煤炭 / 天然气	1%

注：排放限值应以烟囱中 12% 二氧化碳含量来校正；烟囱高度应根据公式 $H=14Q^{0.3}$ 来计算，Q 为二氧化硫的排放量（kg/h）

续表

工业	污染物	英文名称	排放限值	
			燃料类型	浓度限值
	二氧化硫 /（kg/h）	Sulfur Dioxide（SO$_2$）	烟囱高度 /m	
	12.68 及以下		30	
	12.69～33.08		40	
	33.09～69.06		50	
	69.07～127.80		60	
	127.81～213.63		70	
除尘装置	颗粒物 /（mg/m^3）	Particulate Matter	现有装置	新装置
			100	50

注：依附在除尘装置上的烟囱高度至少应为 30 m；如果除尘单元连接到后室，则排放物应通过具有单独布置的公共烟囱排放，用于除尘单元的排放监测

无组织排放				
回转窑 / 除尘装置	颗粒物 /（μg/m^3）	Particulate Matter	现有装置	新装置
			3 000	2 000

注：现有的工业应在通知发布日期起一年后遵守 2 000 μg/m^3 的标准；无组织排放应在距离排放源 10 m 的位置监测

区域	监测位置
原料搬运区	货车倾倒区、筛网区、转移点、料仓区
破碎机领域	破碎装置、振动筛、转运点
原料进料区	给料区、混合区、转移点
冷却装置排放区	超尺寸排放区、转移点
产品加工区	中间料仓、筛分装置、磁选装置、输送点、过浆料排料区、产品分离区、装袋区
其他区域	中央污染控制委员会规定的区域

（十七）铜、铅、锌冶炼厂废气排放标准

印度中央政府进一步修订《环境（保护）规则》，在 2011 年发布的《环境（保护）（第三修正案）规则》中规定了铜、铅、锌冶炼厂废气排放标准，这些标准自官方宪报刊登之日起生效（表 3-29）。

表 3-29　铜、铅、锌冶炼厂废气排放标准

污染物	英文名称	现有单元排放限值		新单元排放限值	
颗粒物 /（mg/Nm³）	Particulate Matter	100		75	
二氧化硫回收装置极限浓度 /（mg/Nm³）					
二氧化硫	Sulfur Dioxide （SO₂）	100% 硫酸浓缩厂生产能力（t/d）		现有单元	新单元
		300 及以下		1 370	1 250
		30 以上		1 250	950
酸雾 / 三氧化硫	Acid Mist/Sulfur Trioxide	300 及以下		90	70
		300 以上		70	50

注：1. 上述规定中的容量是指硫酸厂的装机容量。

2. 检验单位应具有自动记录的在线 pH 计。

3. 在公告日或之后投产的工厂，应被视为"新单位"。

4. 排放二氧化硫或酸雾的烟囱高度应不低于 30 m 或按照公式 $H=14Q^{0.3}$（以较高者为准）进行计算，其中"H"为烟囱高度，单位为 m，而"Q"是指在烟囱的额定容量为 110% 时，预计通过烟囱排放的 SO_2 最大量（kg/h）。

5. 尾气厂在一个地点拥有多个硫酸流或单元，在确定烟囱高度和排放标准的适用性时，应考虑所有流或单元的综合能力。

6. 尾气厂有单独的烟囱用于洗涤装置，该烟囱的高度应等于主烟囱或 30 m，以较高者为准。

在 1986 年《环境（保护）规则》的附表六第 D 部分"负荷质量标准"第三项中，将有关铜、铅和锌冶炼厂的第二段改为以下内容，具体见表 3-30。

表 3-30　修改内容

二氧化硫	Sulfur Dioxide （SO₂）	100% 硫酸浓度的工厂产能 /（t/d）	现有单元 /（kg/t）	新单元 /（kg/t）
		300 及以下	2.5	2.0
		300 以上	2.0	1.5

（十八）无协同处置技术水泥工业废气排放标准

印度中央政府进一步修订《环境（保护）规则》，在 2016 年发布的《环境（保护）（第四修正案）规则》中规定了无协同处置技术水泥工业废气排放标准，这些标准自官方宪报刊登之日起生效（表 3-31）。

表 3-31　无协同处置技术水泥工业废气排放标准

污染物	英文名称	执行日期	位置	最大浓度限值 /（mg/Nm³）
二氧化硫	Sulfur Dioxide （SO₂）	不考虑投入使用的日期	国家的任何地方	当石灰石中的黄铁矿硫含量低于 0.25%、0.25%～0.5% 和高于 0.5% 时，则分别为 100、700 和 1 000

污染物	英文名称	执行日期	位置	最大浓度限值/（mg/Nm³）
氮氧化物	Nitrogen Oxide（NOₓ）	发布通知日期之后（2014年8月25日）	国家的任何地方	600
氮氧化物	Nitrogen Oxide（NOₓ）	发布通知日期之前（2014年8月25日）	国家的任何地方	对于在线煅烧器（ILC）技术的回转窑为800；使用混合流ILC的回转窑，分离式煅烧炉（SLC）和悬浮预热技术，或单独使用SLC技术或不使用煅烧炉的旋转窑为1 000

注：所有参数，即 SO₂、NOₓ 和 PM 等所有未经协同处理的回转窑的参数排放标准的实施时间应到 2017 年 3 月 31 日为止；SO₂ 的排放标准应在本规则通知之日起五年后审查；在 2014 年 8 月 25 日的 G.S.R.612（E）通知中，凡是出现"NO₂"一词，应以"NOₓ"取代。

（十九）橡胶处理、生产行业废气排放标准

印度中央政府进一步修订《环境（保护）规则》，在 2011 年发布的《环境（保护）（第二修正案）规则》中规定了橡胶处理、生产行业废气排放标准，这些标准自官方宪报刊登之日起生效（表 3-32）。

表 3-32　橡胶处理、生产行业废气排放标准

污染物	英文名称	浓度限值/（mg/Nm³）
颗粒物	Particulate Matter	150
挥发性有机化合物	Volatile Organic Compounds	50

注：这些排放标准不适用于 SSI 单元；所有橡胶单元的无组织排放应以高 12 m 或高于建筑物最高处 2 m（以较高者为准）的烟囱排放。

（二十）协同处置废物技术水泥工业废气排放标准

印度中央政府进一步修订《环境（保护）规则》，在 2016 年发布的《环境（保护）（第三修正案）规则》中规定了协同处置废物技术水泥工业废气排放标准，这些标准自官方宪报刊登之日起生效（表 3-33）。

表 3-33　协同处置废物技术水泥工业废气排放标准

序号	污染物	英文名称 / 化学式	回转窑污染物排放标准		
			执行日期	位置	浓度限值 / （mg/Nm^3）
1	颗粒物	Particulate Matter	下达通知起或以后	国家的任何地方	30
			下达通知日期之前	重污染区域或人口超过 10 万的地区及其周边半径为 5 km 的区域	30
				除重污染区域和城市中心以外的区域	30
2	二氧化硫	Sulfur Dioxide （SO$_2$）	不管试运行日期	国家的任何地方	当石灰石中的黄铁矿硫含量为低于 0.25%、0.25%～0.5% 和 0.5% 以上时，分别为 100、700 和 1 000
3	氮氧化物	Nitrogen Oxide （NO$_x$）	下达通知日期以后（2014 年 8 月 25 日）	国家的任何地方	600
			下达通知日期之前（2014 年 8 月 25 日）	国家的任何地方	对于在线煅烧器（ILC）技术的回转窑为 800；使用混合流 ILC 的回转窑，分离式煅烧炉（SLC）和悬浮预热技术，或单独使用 SLC 技术或不使用煅烧炉的旋转窑为 1 000
4	氯化氢	Hydrogen Chloride（HCl）	—	—	10
5	氟化氢	Hydrogen Fluoride（HF）	—	—	1
6	总有机碳	Total Organic Carbon（TOC）	—	—	10
7	汞及其化合物	Hg and its compounds	—	—	0.05
8	镉和铊及其化合物	Cd + Tl and their compounds	—	—	0.05

续表

序号	污染物	英文名称/化学式	回转窑污染物排放标准		
			执行日期	位置	浓度限值/（mg/Nm³）
9	锡＋砷＋铅＋钴＋铬＋铜＋锰＋镍和钒及其化合物	Sn+As+Pb+Co+Cr+Cu+Mn+Ni+V and their compounds	—	—	0.5
10	二噁英和呋喃	Dioxins and Furans	—	—	0.1 ngTEQ/Nm³

注：1. 可吸入颗粒物、二氧化硫和氮氧化物的浓度值和实施时间表应按照 2014 年 8 月 25 日发表的 GSR 第 612（E）号通知中的规定进行管理，并不时进行修订。

2. 如果 TOC 不是由废物共同处理产生的，许可机构可以根据具体情况规定单独的标准。

3. 窑炉、熟料冷却器、水泥磨、煤磨、生料磨、包装部分等连接的每个单独烟囱的高度应至少为 30 m，或根据公式 $H=14Q_1^{0.3}$ 和 $H=74Q_2^{0.27}$ 计算，以较高者为准。其中"H"为烟囱的高度（m）；"Q_1"为预计排放的 SO_2 最大量（kg/h）；"Q_2"为在工厂 100% 的额定容量下，预计排放的可吸入颗粒物最大量（t/h）。

4. 窑炉主烟囱的 SO_2、NO_x、HCl、HF、TOC、金属以及二噁英和呋喃的监测值应以 10% 的氧气来修正，以干燥基准，SO_2、NO_x、HCl、HF、TOC、金属以及二噁英和呋喃的规范应适用于窑炉主烟囱，PM 的规范应适用于工厂的所有烟囱。PM、SO_2、NO_x 应被持续监测。HCl、HF、TOC、金属和二噁英及呋喃应每年监测一次。

5. 用于洗涤排放的洗涤器不得用作淬火器，有单独的烟囱用于洗涤装置的气体排放，该烟囱的高度应至少等于主烟囱的高度。

在 1986 年《环境（保护）规则》的附表六第 D 部分"负荷质量标准"第三项中，在序号 10 和与之有关的条目之后应插入以下序号和条目，具体见表 3-34。

表 3-34   插入序号和条目

水泥厂（协同处置）	以回转窑为基础的工厂（生料磨、窑炉和预煅烧系统的物质之和）	0.125 kg/t 熟料

（二十一）腰果加工行业废气排放标准

印度中央政府进一步修订《环境（保护）规则》，在 2010 年发布的《环境（保护）修正规则》中规定了腰果加工行业废气排放标准，这些标准自官方宪报刊登之日起生效（表 3-35）。

表 3-35 腰果加工行业废气排放标准

污染物 / 参数	英文名称	加工过程	浓度限值 / （mg/Nm³）
颗粒物	Particulate Matter	焙烧	250
		烘焙（烤壳 / 脱油蛋糕作为燃料）	150
		波玛炉加热器（烤壳 / 脱油蛋糕作为燃料）	150
烟囱	Stack Height	烘干	20（最小高度，m）
		烹饪	15（最小高度，m）
		波玛炉	15（最小高度，m）

注：所有参数的值应以 4% 的二氧化碳来校正；每个烟囱的高度高于工厂内最高建筑物顶峰 2 m 以上；从鼓形罩排放的废气应与焙烧桶排放的废气一起通过湿式洗涤器；如果机组用烤壳作燃料，应安装生物气化炉

（二十二）一般有害废物焚烧炉废气排放标准

印度中央政府进一步修订《环境（保护）规则》，在 2008 年发布的《环境（保护）第五修正案》中规定了一般有害废物焚烧炉废气排放标准，这些标准自官方宪报刊登之日起生效（表 3-36）。

表 3-36 一般有害废物焚烧炉废气排放标准

序号	污染物	英文名称 / 化学式	浓度限值 / （mg/Nm³，除非特殊说明）	采样时间 （min，除非特殊说明）
1	颗粒物	Particulate Matter	50	30
2	氯化氢	Hydrogen Chloride（HCl）	50	30
3	二氧化硫	Sulfur Dioxide（SO$_2$）	200	30
4	一氧化碳	Carbon Monoxide（CO）	100	30
			50	24 小时
5	总有机碳	Total Organic Carbon（TOC）	20	30
6	氟化氢	Hydrogen Flouride（HF）	4	30
7	氮氧化物（一氧化氮和二氧化氮，以二氧化氮表示）	Nitrogen Oxide（NO$_x$）（NO and NO$_2$，expressed as NO$_2$）	400	30
8	总二噁英和呋喃	Total Dioxins and Furans	0.1 ngTEQ/Nm³	8 小时
9	镉和铊及其化合物	Cd + Tl and their Compounds	0.05	2 小时
10	汞及其化合物	Hg and its Compounds	0.05	2 小时

续表

序号	污染物	英文名称/化学式	浓度限值/（mg/Nm³，除非特殊说明）	采样时间（min，除非特殊说明）
11	锡+砷+铅+钴+铬+铜+锰+镍和钒及其化合物	Sn+As+Pb+Co+Cr+Cu+Mn+Ni+V and their compounds	0.50	2小时

注：所有的检测值应以11%氧气干燥基来校正；尾气中的 CO_2 浓度不应该少于7%；如果卤化有机废物在输入废物中重量小于1%双室焚烧炉内所有的设施应设计成二次燃烧室内的最低温度为950℃，并且气体在二次燃烧室的停留时间不得少于2s；若卤化有机废物在输入废物中重量超过1%，则废物只能在双室焚烧炉内焚烧，所有设施的设计应使二次燃烧室的最低温度为1 100℃，并且气体在二次燃烧室的停留时间不得少于2s；焚烧厂（燃烧室）的运行温度、停留时间和湍流度应使炉渣和底灰中的总有机碳（TOC）含量低于3%或者着火损失低于干重的5%

（二十三）医疗工业焚烧炉废气排放标准

印度中央政府进一步修订《环境（保护）规则》，在2009年发布的《环境（保护）第二修正案》中规定了医疗工业焚烧炉废气排放标准，这些标准自官方宪报刊登之日起生效（表3-37）。

表3-37　医疗工业焚烧炉废气排放标准

序号	污染物	英文名称	浓度限值/（mg/Nm³，除非特殊说明）	采样时间/（min，除非特殊说明）
1	颗粒物	Particulate Matter	50	30或更久（用于300 L排放的）
2	氯化氢	Hydrogen Chloride（HCl）	50	30
3	二氧化硫	Sulfur Dioxide（SO_2）	200	30
4	一氧化碳	Carbon Monoxide（CO）	100	日平均
5	总有机碳	Total Organic Carbon（TOC）	20	30
6	总二噁英和呋喃	Total Dioxins and Furans	0.2（现有）ngTEQ/Nm³	8小时
			0.1（新建）ngTEQ/Nm³	8小时
7	锡+砷+铅+钴+铬+铜+锰+镍+钒+镉+钍和汞及其化合物	Sn+As+Pb+Co+Cr+Cu+Mn+Ni+V+Cd+Th+Hg and their compounds	1.5	2小时

注：现有的工厂应在通知发布日期起的五年内遵守二噁英和呋喃的规范（0.1 ngTEQ/Nm³）；所有的检测值应以11%氧气干燥基来校正；尾气中二氧化碳的浓度值不应少于7%；如果卤化有机废物的重量少于输入废物的1%，双室焚烧炉内所有设施的设计应使主燃烧室最低温度为850℃±25℃，次燃烧室的最低温度为950℃，气体在次燃烧室的停留时间不得少于2s或气体危险废物单室焚烧炉内所有设施的设计应使燃烧室的最低温度达到950℃，气体停留时间不得少于2s；若卤化有机废物在输入废物中占重量的1%以上，则废物只能在双室焚化炉中燃烧，所有设施的设计应使主燃烧室的最低温度达850℃±25℃，次燃烧室的最低温度为1 100℃，气体在次燃烧室的停留时间不得少于2s。用于清洗排放物的洗涤器不得用于淬火器；焚烧厂（燃烧室）的运行温度、停留时间和湍流度应使炉渣和底灰中的总有机碳（TOC）含量低于3%，着火损失低于干重的5%，如果不符合要求，灰和残留物应重新燃烧。焚化炉应至少有30 m高的烟囱

（二十四）造纸制浆工业废气排放标准

印度中央政府进一步修订《环境（保护）规则》，在 2005 年发布的《环境（保护）第三修正案》中规定了造纸制浆工业废气排放标准（表 3-38），这些标准自官方宪报刊登之日起生效。

表 3-38　造纸制浆工业废气排放标准

参数	英文名称	浓度限值
年产量在 24 000 t 以下的造纸制浆工业		
可吸附有机卤化物	Absorbable Organic Halogens（AOX）	3 kg/t（通知发布日期起生效）
		2 kg/t（2006 年 3 月 1 日起生效）
年产量在 24 000 t 以上的大型纸浆和新闻纸张印刷厂		
可吸附有机卤化物	Absorbable Organic Halogens（AOX）	1.5 kg/t（通知发布日期起生效）
		1 kg/t（2008 年 3 月 1 日起生效）
使用农业废弃物作为燃料的锅炉		
颗粒物（阶梯式炉排）	Stepped grate Particulate Matter	250 mg/Nm³
颗粒物（马蹄形/脉动式）	Horse Shoe/ Pulsating Particulate Matter	500 mg/Nm³（12% CO_2 含量）
颗粒物（抛煤机）	Spread stroker Particulate Matter	500 mg/Nm³（12% CO_2 含量）

（二十五）制糖工业废气排放标准

印度中央政府进一步修订《环境（保护）规则》，在 2016 年发布的《环境（保护）修正规则》中规定了制糖工业废气排放标准，这些标准自官方宪报刊登之日起生效（表 3-39）。

表 3-39　制糖工业废气标准

行业	参数	英文名称	标准 /（mg/L，除了 pH）
制糖工业	pH	pH	5.5 ~ 8.5
	总悬浮物（TSS）	Total Suspended Solids（TSS）	100（在陆地上处置） 30（用于在地表水中处置）
	生物需氧量，BOD ［27℃下 3 天］	Biological Oxgyen Demand，BOD ［3 days at 27℃］	100（在陆地上处置） 30（用于在地表水中处置）
	油和油脂	Oil & Grease	10
	总溶解固体（TDS）	Total Dissolved Solids（TDS）	2 100
	废水最终排放限制	Final wastewater discharge limit	每压榨 1 t 甘蔗可产 200 L

注：最终处理的污水排放量限制为每吨甘蔗 100 L，来自喷水池溢流或冷却塔的破碎水和废水排污限制在每吨压碎的甘蔗 100 L，以及只允许来自设备的单个出口点

排放
烟囱排放的颗粒物应小于 150 mg/m³

（二十六）砖窑产业废气排放标准

印度中央政府进一步修订《环境（保护）规则》，在 2009 年发布的《环境（保护）第四修正案》中规定了砖窑产业废气排放标准，这些标准自官方宪报刊登之日起生效（表 3-40）。

表 3-40　砖窑产业废气排放标准

牛沟窑（BTK）（Bull's Trench Kiln）标准		
参数	类别	浓度限值 /（mg/Nm³）
颗粒物	小	1 000
	中	750
	大	750
烟囱高度	小	22
	中	27
	大	30
类别	沟宽 /m	产量 /（块砖 /d）
小公牛沟窑	小于 4.50	少于 15 000
中公牛沟窑	4.50～6.75	15 000～30 000
大公牛沟窑	6.75 以上	30 000 以上
倒焰窑（DDK）（Down-Draft Kiln）标准		
参数	类别	浓度限值 /（mg/Nm³）
颗粒物	小 / 中 / 大	1 200
烟囱高度	小	12
	中	15
	大	18
类别	产量 /（块砖 /d）	
小沟窑	少于 15 000	
中沟窑	15 000～30 000	
大沟窑	30 000 以上	
立轴窑（VSK）（Vertical Shaft Kiln）标准		
参数	类别	浓度限值 /（mg/Nm³）
颗粒物	小 / 中 / 大	250
烟囱高度	小	11（距装载平台 5.5 m 以上）
	中	14（距装载平台 7.5 m 以上）
	大	16（距装载平台 8.5 m 以上）

类别	轴数量	产量/（块砖/d）
小沟窑	1～3	少于 15 000
中沟窑	4～6	15 000～30 000
大沟窑	7 以及以上	30 000 以上

注：1. 所有的牛沟窑必须设有重力沉降室以及适当高度的固定烟囱。

2. 立轴窑应该在每个竖井设置一个烟囱，从竖井发出的两个烟囱应连接在一起形成一个单独的烟囱（如果是砖烟囱，则连接在装载平台；如果是金属烟囱，则连接在适当的高度）。

3. 上述标准适用于多种窑炉，如以煤、木柴和农业废弃物为燃料的窑炉。

二、水

（一）宾馆行业污水排放标准

印度中央政府进一步修订《环境（保护）规则》，在 2009 年发布的《环境（保护）（第六修正案）规则》中规定了宾馆行业污水排放标准，这些标准自官方宪报刊登之日起生效（表 3-41）。

表 3-41　宾馆行业污水排放标准

序号	污染物	英文名称	浓度限值/（mg/L，除了 pH）	
			内陆地表水	土地或灌溉
至少有 20 个房间的宾馆污水排放标准				
1	pH	pH	5.5～9.0	5.5～9.0
2	生化需氧量（BOD$_3$）	Biochemical oxygen demand (BOD$_3$) in three days at 27℃	30	100
3	总悬浮物	Total suspended Solids (TSP)	50	100
4	油脂	Oil & Grease	10	10
5	磷酸盐（以磷计）	Phosphate (as P)	1.0	—
20 个房间以下的宾馆或最低建筑面积为 100 m² 的宴会厅或最低容纳人数为 36 人的餐厅				
1	pH	pH	5.5～9.0	5.5～9.0
2	生化需氧量（BOD$_3$）	Biochemical oxygen demand (BOD$_3$) in three days at 27℃	100	100
3	总悬浮物	Total suspended Solids (TSP)	100	100
4	油脂	Oil & Grease	10	10

注：1. 位于海岸的宾馆、宴会厅和餐厅也应当遵守海岸区域的相关规定。

2. 如污水通往污水处理厂的市政污水渠，则酒店、餐厅或宴会厅（视情况而定）须为其厨房和洗衣房的污水适当设置隔油池，并符合《环境污染排放一般标准（A 部分：污水）》的相关规定。

（二）电镀阳极氧化工业污水排放标准

印度中央政府进一步修订《环境（保护）规则》，在 2012 年发布的《环境（保护）（第二修正案）规则》中规定了电镀阳极氧化工业污水排放标准，这些标准自官方宪报刊登之日起生效（表 3-42）。

表 3-42   电镀阳极氧化工业污水排放标准

污染物	英文名称	浓度限值
污水排放标准 /（mg/L，除温度和 pH 外）		
强制要求的参数		
pH	pH	6.0～9.0
温度	Temperature	不允许超过受纳水体环境温度的 5℃以上
油脂	Oil & Grease	10
悬浮物	Suspended Solids	100
总金属	Total Metal	10
三氯乙烷	Trichloroethane	0.1
三氯乙烯	Trichloroethylene	0.1
各加工厂的具体参数		
镍和铬厂		
氨态氮（以 N 计）	Ammoniacal Nitrogen（as N）	50
镍（以 Ni 计）	Nickel（as Ni）	3
六价铬（以 Cr^{6+} 计）	Hexavalent Chromium（as Cr^{6+}）	0.1
总铬（以 Cr 计）	Total Chromium（as Cr）	2
硫化物（以 S 计）	Sulphides（as S）	2
硫酸盐（以 SO_4^{2-} 计）	Sulphates（as SO_4^{2-}）	400
磷酸盐（以 P 计）	Phosphates（as P）	5
铜（以 Cu 计）	Copper（as Cu）	3
锌厂		
氰化物（以 CN^- 计）	Cyanides（as CN^-）	0.2
氨态氮（以 N 计）	Ammoniacal Nitrogen（as N）	50
总余氯（以 Cl 计）	Total Residual Chlorine（as Cl）	1
六价铬（以 Cr^{6+} 计）	Hexavalent Chromium（as Cr^{6+}）	0.1
总铬（以 Cr 计）	Total Chromium（as Cr）	2

续表

污染物	英文名称	浓度限值
锌（以 Zn 计）	Zinc（as Zn）	5
铅（以 Pb 计）	Lead（as Pb）	0.1
铁（以 Fe 计）	Iron（as Fe）	3
镉厂		
氰化物（以 CN⁻ 计）	Cyanides（as CN⁻）	0.2
氨态氮（以 N 计）	Ammoniacal Nitrogen（as N）	50
总余氯（以 Cl 计）	Total Residual Chlorine（as Cl）	1
六价铬（以 Cr^{6+} 计）	Hexavalent Chromium（Cr^{6+}）	0.1
总铬（以 Cr 计）	Total Chromium（as Cr）	2
镉（以 Cd 计）	Cadmium（as Cd）	2
阳极氧化		
氨态氮（以 N 计）	Ammoniacal Nitrogen（as N）	50
总余氯（以 Cl 计）	Total Residual Chlorine（as Cl）	1
铝	Aluminium	5
氟化物（以 F 计）	Fluorides（as F）	15
硫酸盐（以 SO_4^{2-} 计）	Sulphates（as SO_4^{2-}）	400
磷酸盐（以 P 计）	Phosphates（as P）	5
铜和锡厂		
氰化物（以 CN⁻ 计）	Cyanides（as CN⁻）	0.2
铜（以 Cu 计）	Copper（as Cu）	3
锡（以 Sn 计）	Tin（as Sn）	2
贵金属厂		
氰化物（以 CN⁻ 计）	Cyanides（as CN⁻）	0.2
总余氯（以 Cl 计）	Total Residual Chlorine（as Cl）	1

注：总金属为锌、铜、镍、铝、铁、铬、镉、铅、锡、银的总和

雨水

注：一个单元的雨水（地块面积至少为 200 m²）不得与洗刷水、污水和 / 或地面清洁用水混合；在一个单元的界区范围内的雨水应通过独立的排水 / 管道引导，并通过高密度内衬聚乙烯（HDPE）坑，坑容纳能力为 10 min（每小时平均）的降水量

（三）防火材料行业工业废水排放标准

印度中央政府进一步修订《环境（保护）规则》，在 2009 年发布的《环境（保护）

修正规则》中规定了防火材料行业工业废水排放标准，这些标准自官方宪报刊登之日起生效（表 3-43）。

表 3-43　防火材料行业工业废水排放标准

序号	污染物	英文名称	浓度排放限值 /（mg/L，除了 pH）		
			内陆地表水	公共下水道	灌溉用地
1	pH	pH	5.5～9.0	5.5～9.0	5.5～9.0
2	油脂	Oil & Grease	10	20	10
3	生化需氧量（BOD_3）	Biochemical Oxygen Demand（BOD_3）in three days at 27℃	30	250	100
4	化学需氧量	Chemical Oxygen Demand（COD）	250	—	—
5	悬浮物	Suspended Solids	100	600	200
6	苯酚	Phenols	1.0	5.0	—
7	氰化物（以 CN^- 计）	Cyanides（as CN^-）	0.2	2.0	0.2
8	六价铬（以 Cr^{6+} 计）	Hexavalent Chromium（as Cr^{6+}）	0.1	2.0	1.0
9	总铬	Total Chromium	2.0	2.0	2.0

（四）一般污水处理厂（CETP）净化标准

印度中央政府进一步修订《环境（保护）规则》，在 2015 年发布的《环境（保护）修正规则》中规定了一般污水厂净化标准，这些标准自官方宪报刊登之日起生效（表 3-44）。

表 3-44　一般污水厂净化标准

入口质量标准	根据共同污水处理厂的设计和当地的需要和条件，国家委员会规定了一般参数、氨态氮和重金属的入口质量标准

废水处理标准					
序号	污染物	英文名称	最大浓度限值 /（mg/L，除了 pH 和温度）		
			排入内陆地表水	排入灌溉用地	排入海洋
1	pH	pH	6～9	6～9	6～9
2	生化需氧量（BOD_3）	Biochemical Oxygen Demand（BOD_3）in three days at 27℃	30	100	100

序号	污染物	英文名称	最大浓度限值/（mg/L，除了 pH 和温度）		
			排入内陆地表水	排入灌溉用地	排入海洋
3	化学需氧量	Chemical Oxygen Demand（COD）	250	250	250
4	总悬浮物	Total Suspended Solids（TSS）	100	100	100
5	固定溶解性固体物	Fixed Dissolved Solids（FDS）	2 100	2 100	—
6	温度	Temperature	不超过受纳水体环境温度的 5℃以上	不超过受纳水体环境温度的 5℃以上	不超过受纳水体环境温度的 5℃以上
7	油脂	Oil & Grease	10	10	10
8	氨态氮	Ammoniacal Nitrogen	50	—	50
9	总凯式氮	Total Kjeldahl Nitrogen（TKN）	50	—	50
10	硝态氮	Nitrate-Nitrogen	10	—	50
11	磷酸盐（以 P 计）	Phosphate（as P）	5		—
12	氯化物	Chlorides	1 000	1 000	—
13	硫酸盐（以 SO_4^{2-} 计）	Sulphates（as SO_4^{2-}）	1 000	1 000	—
14	氟化物	Fluorides	2	2	15
15	硫化物（以 S 计）	Sulphides（as S）	2	2	5
16	酚类化合物（以 C_6H_5OH 计）	Phenolic compounds（as C_6H_5OH）	1	1	5
17	总余氯	Total Residval Chlorine	1	1	1
18	锌	Zinc	5	15	15
19	铁	Iron	3	3	3
20	铜	Copper	3	3	3
21	三价铬	Trivalent Chromium	2	2	2
22	锰	Manganese	2	—	2
23	镍	Nickel	3	—	3
24	砷	Arsenic	0.2	—	0.2

续表

序号	污染物	英文名称	最大浓度限值/（mg/L，除了 pH 和温度）		
			排入内陆地表水	排入灌溉用地	排入海洋
25	氰化物（以 CN⁻ 计）	Cyanide（as CN⁻）	0.2	—	0.2
26	钒	Vanedium	0.2	—	0.2
27	铅	Lead	0.1	—	0.1
28	六价铬	Hexavalent Chromium	0.1	—	0.1
29	硒	Selenium	0.05	—	0.05
30	镉	Cadmium	0.05	—	0.05
31	汞	Mercury	0.01	—	0.01

注：1. 处理后的污水应通过合适的海洋排放口排入大海。现有的岸边的排放口应转为海洋排放口。如果海洋排污口在排放点提供至少 150 倍的初始浓度稀释，并在离排放点 100 m 的地方提供至少 1 500 倍的稀释，那么国家委员会可以放宽化学需氧量（COD）的限制：处理后的污水中的 COD 最高含量允许值为 500 mg/L。

2. 一般污水处理厂（CETP）的构成单位所允许的最大固定溶解固体（FDS）含量应为 1 000 mg/L。但构成单位使用的原水中的 FDS 浓度已经很高（超过 1 100 mg/L），则处理后的污水中的固定溶解固体（FDS）的最大允许值应由国家委员会进行相应修改。

3. 如果将处理过的污水排放到土地上用于灌溉，对土壤和地下水的影响，应由污水处理厂管理部门每年监测两次（季风前和季风后）。对于将处理过的废水和污水合并排放到土地上用于灌溉的情况，废水与污水的混合比例应由国家委员会规定。

一些重要部门的具体参数见表 3-45。

表 3-45　一些重要部门的具体参数（选自特定部门的标准）

部门	具体参数
纺织厂	生物测定实验、总铬、硫化物、酚类化合物
电镀行业	油脂、氨态氮、镍、六价铬、总铬、铜、锌、铅、铁、镉、氰化物、氟化物、硫化物、磷酸盐、硫酸盐
制革厂	硫化物、总铬、油脂、氯化物
印染行业	油脂、酚类化合物、镉、铜、锰、铅、汞、镍、锌、六价铬、总铬、生物测定实验、氯化物、硫酸盐
有机化学品制造业	油脂、生物测定实验、硝酸盐、砷、六价铬、总铬、铅、氰化物、锌、汞、铜、镍、酚类化合物、硫化物
医药行业	油脂、生物测定实验、汞、砷、六价铬、铅、氰化物、酚类化合物、硫化物、磷酸盐

（五）钢铁冶炼厂工业废水排放标准

印度中央政府进一步修订《环境（保护）规则》，在 2012 年发布的《环境（保护）

（第三修正案）规则》中规定了钢铁冶炼厂工业废水排放标准，这些标准自官方宪报刊登之日起生效（表3-46）。

表 3-46　钢铁冶炼厂工业废水排放标准

序号	污染物	英文名称	浓度限值 /（mg/L，除温度外）
		焦炉（副产品类型）	
1	pH	pH	6.0～8.5
2	悬浮物	Suspended Solids	100
3	生化需氧量（BOD_3）	Biochemical Oxygen Demand（BOD_3）in three days at 27℃	30
4	化学需氧量	Chemical Oxygen Demand（COD）	250
5	油脂	Oil & Grease	10
6	氨态氮（以 N 计）	Ammoniacal Nitrogen（as N）	50
7	氰化物（以 CN^- 计）	Cyanide（as CN^-）	0.2
8	苯酚	Phenol	1.0
		烧结厂	
1	pH	pH	6.0～8.5
2	悬浮物	Suspended Solids	100
3	油脂	Oil & Grease	10
		鼓风炉	
1	pH	pH	6.0～8.5
2	悬浮物	Suspended Solids	50
3	油脂	Oil & Grease	10
4	氨态氮（以 NH_3 计）	Ammoniacal Nitrogen（as NH_3）	50
5	氰化物（以 CN^- 计）	Cyanide（as CN^-）	0.2
		炼钢车间–基础氧气炉	
1	pH	pH	6.0～8.5
2	悬浮物	Suspended Solids	100
3	油脂	Oil & Grease	10
		辊轧机	
1	pH	pH	6.0～8.5
2	悬浮物	Suspended Solids	100
3	油脂	Oil & Grease	10

注：1. 雨水不得与污水、洗刷水和 / 或地板洗涤物混合。

2. 雨水应按自然坡度，通过高密度聚乙烯（HDPE）衬里的坑［每个坑的容量为 10 min（每小时平均）的降水量］以独立的排水沟进行导流。

（六）谷物处理、面粉厂、研磨厂废水排放标准

印度中央政府进一步修订《环境（保护）规则》，在 2012 年发布的《环境（保护）修正规则》中规定了谷物处理、面粉厂、研磨厂废水排放标准，这些标准自官方宪报刊登之日起生效（表 3-47）。

表 3-47　谷物处理、面粉厂、研磨厂废水排放标准

序号	污染物	英文名称	浓度限值 /（mg/L，除了 pH）		
			排入地表水	排入公共下水道	排入灌溉用地
1	pH	pH	5.5～9.0	5.5～9.0	5.5～9.0
2	油脂	Oil & Grease	10	20	10
3	生化需氧量（BOD_3）	Biochemical Oxygen Demand（BOD_3）in three days at 27℃	30	350	100
4	化学需氧量	Chemical Oxygen Demand（COD）	250	—	—
5	悬浮物	Suspended Solids	100	600	200

注：1. 雨水不得与污水、洗刷水和 / 或地板洗涤物混合，应有一个面积至少为 250 m² 的处理存储单元。

2. 雨水应按自然坡度，通过高密度聚乙烯（HDPE）衬里的坑［每个坑的容量为 10 min（每小时平均）的降水量］以独立的排水沟进行导流。

（七）咖啡产业废水排放标准

印度中央政府进一步修订《环境（保护）规则》，在 2008 年发布的《环境（保护）第六修正案规则》中规定了咖啡产业废水排放标准，这些标准自官方宪报刊登之日起生效（表 3-48）。

表 3-48　咖啡产业废水排放标准

序号	污染物	英文名称	浓度限值 /（mg/L，除了 pH）
		即时 / 干燥处理	
1	pH	pH	6.5～8.5
2	生化需氧量（BOD_3）	Biochemical Oxygen Demand（BOD_3）in three days at 27℃	100
3	总溶解性固体	Total Dissolved Solids	2 100

续表

序号	污染物	英文名称	浓度限值 /（mg/L，除了 pH）
		湿式 / 羊皮纸咖啡加工	
1	pH	pH	6.5～8.5
2	生化需氧量（BOD₃）	Biochemical Oxygen Demand（BOD₃）in three days at 27℃	1 000

注：1. 咖啡种植面积小于 10 hm² 且采用湿法加工的咖啡种植者应将预处理过的废水储存在有衬里的潟湖中，以便太阳蒸发，并在潟湖底部和两侧安装可渗透系统。

2. 种植面积在 10～25 hm² 的湿处理咖啡种植者应将初级（均衡与中和）处理的废水储存在内衬的潟湖中，以便在潟湖的底部和两侧使用非渗透系统进行太阳能蒸发。

3. 种植面积 25 hm² 以上的咖啡种植者，经湿处理后，应将符合上述标准的二级处理出水储存在内衬潟湖中，并在潟湖的底部和两侧设置非渗透衬里系统，稀释后用于灌溉，使其稀释后的浓度小于 100 mg/L，供土地使用。

4. 非透水衬砌系统的最小衬砌规格应为具有 1.5 mm 高密度聚乙烯（HDPE）土工膜或当量的复合屏障。

（八）农药厂废水排放标准

印度中央政府进一步修订《环境（保护）规则》，在 2011 年发布的《环境（保护）（第五修正案）规则》中规定了农药厂废水排放标准，这些标准自官方宪报刊登之日起生效（表 3-49）。

表 3-49 农药厂废水排放标准

序号	污染物	英文名称	浓度限值 /（mg/L，除 pH 和生物测定之外）
		强制要求的参数	
1	pH	pH	6.5～8.5
2	生化需氧量（BOD₃）	Biochemical Oxygen Demand（BOD₃）in three days at 27℃	30 / 100
3	油脂	Oil & Grease	10
4	悬浮物	Suspended Solids	100
5	生物测定实验	Bioassay Test	在 100% 浓度的废水中 96 小时后还剩 90% 存活的鱼
		附加参数	
1	砷	Arsenic	0.2
2	铜	Copper	1.0
3	锰	Manganese	1.0

续表

序号	污染物	英文名称	浓度限值 /（mg/L，除 pH 和生物测定之外）
附加参数			
4	汞	Mercury	0.01
5	锑	Antimony（as Sb）	0.1
6	锌	Zinc	1.0
7	镍（独立的重金属）	Nickel（Independent heavy metals）	
8	氰化物（以 CN⁻ 计）	Cyanide（as CN⁻）	0.2
9	硝酸盐	Nitrate（as NO_3）	50
10	磷酸盐（以 P 计）	Phosphate（as P）	5.0
11	苯酚和酚类化合物（以 C_6H_5OH 计）	Phenol & Phenolic Compounds（as C_6H_5OH）	1.0
12	硫磺	Sulphur	0.03
13	六氯化苯	Benzene Hexachloride（BHC）	0.01
14	羰基	Carbonyl	0.01
15	硫酸铜	Copper Sulphate	0.05
16	氯氧化铜	Copper Oxychloride	9.6
17	滴滴涕	DDT	0.01
18	乐果	Dimethoate	0.45
19	2, 4- 二氯苯氧乙酸	2, 4-Dichlorophenoxyacetic acid	0.4
20	硫丹	Endosulfan	0.01
21	杀螟松	Fenitothrion	0.01
22	马拉松（有机磷杀虫剂）	Malathion	0.01
23	甲基对硫磷	Methyl Parathion	0.01
24	百草枯	Paraquat	2.3
25	稻丰散	phenathoate	0.01
26	甲拌磷	Phorate	0.01
27	敌稗	Proponil	7.3
28	除虫菊	Pyrethrums	0.01
29	福美锌	Ziram	1.0
30	其他杀虫剂（单独）	Other Pesticide（individually）	0.10

生物测定实验应该按照 IS：6582—1971 中的内容执行

注：1. 有关国家污染控制委员会应该根据下游接受水体的用途规定溶解性固体物质、硫酸盐、氯化物的含量，其中废水应被处理掉。

2. 化学需氧量（COD）没有规定上限，但应监测处理后的水中的 COD 含量。如果监测报告持续超过 250 mg/L，则应要求此类废水的工业单位鉴定化学品的成分。如果发现这些有毒物质，如1989 年《危险化学品制造、储存和进口规则》附表Ⅰ所定义的有毒物质，有关国家污染控制委员会应在 2012 年 3 月 31 日之前指示该行业安装三级处理系统。

3. 列在"附加参数"中的参数应该根据工艺和产品的具体情况进行规定。

（九）染料厂废水排放标准

印度中央政府进一步修订《环境（保护）规则》，在 2014 年发布的《环境（保护）（第四修正案）规则》中规定了染料厂废水排放标准，这些标准自官方宪报刊登之日起生效（表 3-50）。

表 3-50　染料厂废水排放标准

序号	参数	英文名称	浓度限值 /（mg/L，除了 pH、温度、颜色和生物测定实验）		
			排入地表水	排入海洋	排入灌溉用地
1	pH	pH	6.0～8.5	5.5～9.0	5.5～9.0
2	氨态氮（以 N 计）	Ammoniacal Nitrogen（as N）	50	50	—
3	生化需氧量（BOD$_3$）	Biochemical Oxygen Demand（BOD$_3$）in three days at 27℃	30	100	100
4	化学需氧量	Chemical Oxygen Demand（COD）	250	250	—
5	悬浮物	Suspended Solids	100	—	200
6	温度	Temperature	不应该超过受纳水体环境温度的 5℃		
7	颜色（海森单位）	Colour（Hazen unit）	400	—	—
8	六价铬（以 Cr^{6+} 计）	Hexavalent Chromium（as Cr^{6+}）	0.1	1.0	—
9	总铬（以 Cr 计）	Total Chromium（as Cr）	2.0	2.0	—
10	锌（以 Zn 计）	Zinc（as Zn）	5.0	15.0	—
11	铅（以 Pb 计）	Lead（as Pb）	0.1	2.0	—
12	铜	Copper（Cu）	2.0	3.0	—
13	镍	Nickel（Ni）	3.0	5.0	—
14	锰	Manganese（Mn）	2.0	2.0	—
15	镉	Cadmium（Cd）	0.2	2.0	—
16	氯化物	Choride（Cl$^-$）	1 000	—	—
17	硫酸盐	Sulphate（SO$_4^{2-}$）	1 000		
18	酚类化合物（以 C$_6$H$_5$OH 计）	Phenolic compounds（as C$_6$H$_5$OH）	1.0	5.0	—
19	油脂	Oil & Grease	10.0	10.0	10.0

续表

序号	参数	英文名称	浓度限值 /（mg/L，除了 pH、温度、颜色和生物测定实验）		
			排入地表水	排入海洋	排入灌溉用地
20	生物测定实验	Bioassay Test	在 100% 浓度的废水中 96 小时后还剩 90% 存活的鱼	—	—

生物测定试验应按照 IS: 6582—1971 的规定进行

注：1. 如果工业部门直接或通过 CETP 在土地上处理污水，该工业部门或 CETP（视情况而定）必须安装压水计以监测地下水。对于面积超过 10 hm² 的地块，至少应在 3 hm² 的范围内安装 2 个压水计，至少有 16 个压水计。规模小于 10 hm² 的地块，应在与相关的国家污染控制委员会协商后确定压水计的位置，每公顷安装一个，至少有 6 个压水计。

2. 氯化物和硫酸盐的标准只适用于将处理过的污水排入内陆地表水道。然而，当排放到土地上用于灌溉时，其标准为氯化物不得超过原水含量的 600 mg/L，钠的吸收率（SAR）不应超过 26%。

3. 处理过的 / 未处理的污水应以不会造成造成地下水的污染的方式储存在蓄水池中。

（十）石油精炼厂废水排放标准

印度中央政府进一步修订《环境（保护）规则》，在 2008 年发布的《环境（保护）修正规则》中规定了石油精炼厂废水排放标准，这些标准自官方宪报刊登之日起生效（表 3-51）。

表 3-51　石油精炼厂废水排放标准

序号	参数	英文名称	浓度限值 /（mg/L，除了 pH）
1	pH	pH	6.0～8.5
2	油脂	Oil & Grease	5.0
3	生化需氧量（BOD_3）	Biochemical Oxygen Demand in three days at 27℃（BOD_3）	15.0
4	化学需氧量	Chemical Oxygen Demand（COD）	125.0
5	悬浮物	Suspended Solids	20.0
6	酚类化合物	Phenolic compounds	0.35
7	硫化物	Sulfide	0.5
8	氰化物	CN	0.20
9	氨态氮（以 N 计）	Ammoniacal Nitrogen（as N）	15.0
10	总凯式氮	Total Kjeldahl Nitrogen（TKN）	40.0

续表

序号	参数	英文名称	浓度限值 /（mg/L，除了 pH）
11	磷	P	3.0
12	六价铬（以 Cr^{6+} 计）	Hexavalent Chromium（as Cr^{6+}）	0.1
13	总铬（以 Cr 计）	Total Chromium（as Cr）	2.0
14	铅	Pb	0.1
15	汞	Hg	0.01
16	锌	Zn	5.0
17	镍	Ni	1.0
18	铜	Cu	1.0
19	钒	V	0.2
20	苯	Benzene	0.1
21	苯并 [a] 芘	Benzo [a] Pyrene	0.2

在 1986 年《环境（保护）规则》的附表六第 C 部分，与炼油厂行业有关的条目，应用以下内容代替，具体见表 3-52。

表 3-52　替代条目

序号	污染物	英文名称	浓度 /（kg/1 000 t 原油加工）
1	油脂	Oil & Grease	2.0
2	生化需氧量（BOD_3）	Biochemical Oxygen Demand（BOD_3）in three days at 27℃	6.0
3	化学需氧量	Chemical Oxygen Demand（COD）	50
4	悬浮物	Suspended Solids	8.0
5	酚类化合物	Phenolic compounds	0.14
6	硫化物	Sulfide	0.2
7	氰化物	CN	0.08
8	氨态氮（以 N 计）	Ammoniacal Nitrogen（as N）	6.0
9	总凯式氮	Total Kjeldahl Nitrogen（TKN）	16
10	磷	P	1.2
11	六价铬（以 Cr^{6+} 计）	Hexavalent Chromium（as Cr^{6+}）	0.04
12	总铬（以 Cr 计）	Total Chromium（as Cr）	0.8
13	铅	Pb	0.04
14	汞	Hg	0.004
15	锌	Zn	2.0
16	镍	Ni	0.4

续表

序号	污染物	英文名称	浓度/（kg/1 000 t 原油加工）
17	铜	Cu	0.4
18	钒	V	0.8
19	苯	Benzene	0.04
20	苯并[a]芘	Benzo[a]Pyrene	0.08

注：排放总量限值应适用于工业废水（包括海水冷却水、废水）排放至接收场地（不包括直接用于精炼厂场地内灌溉/园艺目的的陆地排放）；在污水处理过程中，为了度量污水的量（分别为排入接收环境、在精炼厂处所设灌溉/园艺用途及冷却系统的排污），必须配备适当的流量测量装置（例如，V 形缺口流量计）；污染物的数量应根据以下各项计算：每天的平均浓度值（一个 24 h 的复合样品或 3 个取样样品的平均值，视情况而定）、白天的平均污水流量和炼油厂的原油吞吐量、排放的污水量（不包括海水冷却排放的污水）的限额为 400 m³/1 000 t 原油。对于高降水量的地区的炼油厂，仅在雨天处理的废水量限值为 700 m³/1 000 t 原油

（十一）水泥工业废水排放标准

印度中央政府进一步修订《环境（保护）规则》，在 2014 年发布的《环境（保护）（第五修正案）规则》中规定了水泥工业废水排放标准，这些标准自官方宪报刊登之日起生效（表 3-53）。

表 3-53　水泥工业废水排放标准（无协同处理）

序号	污染物	英文名称	浓度限值/（mg/L，除了 pH 和温度）
1	pH	pH	5.5～9.0
2	温度	Temperature	不得超过受纳水体温度的 5℃
3	油脂	Oil & Grease	10
4	悬浮物	Suspended Solids	100

（十二）苏打粉产业废水排放标准

印度中央政府进一步修订《环境（保护）规则》，在 2011 年发布的《环境（保护）（第四修正案）规则》中规定了苏打粉产业废水排放标准，这些标准自官方宪报刊登之日起生效（表 3-54）。

表 3-54 苏打粉产业废水排放标准

索尔维制碱法加工过程

序号	污染物	英文名称	浓度限值 /（mg/L，除了 pH、温度、生物测定实验）			
			小溪	海洋沿岸	河口	内陆地表水
1	pH	pH	\multicolumn{4}{c}{6.5～9.0}			
2	温度	Temperature	\multicolumn{4}{c}{不得超过受纳水体温度的 5℃}			
3	油脂	Oil & Grease	5	5	5	5
4	悬浮物	Suspended Solids	500	1 000	200	100
5	氨态氮（以 N 计）	Ammoniacal Nitrogen（as N）	50	50	50	30
6	生物测定实验	Bioassay Test	在 100% 浓度的废水中 96 小时后还剩 90% 存活的鱼			

注：小溪中的污水排放点应该超过低潮线；扩散器系统的位置应符合 2011 年海岸管理区通知的规定，在退潮水位以下至少 5 m 的深度，污水的出口速度应超过 3 m/s；生物测定实验应该按照 IS：6582—1971 中的内容执行

双重加工过程

序号	污染物	英文名称	排入内陆地表水污染物浓度限值 /（mg/L，除了 pH）
1	pH	pH	6.5～9.0
2	氨态氮（以 N 计）	Ammoniacal Nitrogen（as N）	50
3	硝态氮（以 N 计）	Nitrate Nitrogen（as N）	10
4	氰化物	Cyanide	2
5	油脂	Oil & Grease	10
6	悬浮物	Suspended Solids	100
7	六价铬（以 Cr^{6+} 计）	Hexavalent Chromium（Cr^{6+}）	0.1
8	总铬（以 Cr 计）	Total Chromium（as Cr）	2

（十三）铁厂回转窑废气排放标准

印度中央政府进一步修订《环境（保护）规则》，在 2008 年发布的《环境（保护）（第四修正案）规则》中规定了铁厂回转窑废气排放标准，这些标准自官方宪报刊登之日起生效（表 3-55）。

表 3-55　铁厂回转窑废气排放标准

序号	污染物	英文名称	浓度限值/（mg/L，除了 pH）
1	pH	pH	5.5～9.0
2	总悬浮物	Total Suspended Solids	100
3	油脂	Oil & Grease	10
4	化学需氧量	Chemical Oxygen Demand（COD）	250

注：所有的污水均应该重复利用和再循环，并保持零排放；应在工业场所内布置雨水渠，以避免与污水混合

（十四）橡胶处理、生产行业废水排放标准

印度中央政府进一步修订《环境（保护）规则》，在 2011 年发布的《环境（保护）（第二修正案）规则》中规定了橡胶处理、生产行业废水排放标准，这些标准自官方宪报刊登之日起生效（表 3-56）。

表 3-56　橡胶处理、生产行业废水排放标准

序号	污染物	英文名称	排放浓度限值/（mg/L，除了 pH）	
			内陆地表水	灌溉和公共下水道
天然橡胶加工：离心和乳化装置				
1	pH	pH	6.0～8.5	6.0～8.5
2	悬浮物	Suspended Solids	100	200
3	油脂	Oil & Grease	10	10
4	化学需氧量	Chemical Oxygen Demand（COD）	250	—
5	三日生化需氧量（BOD$_3$）	Biochemical Oxygen Demand（BOD$_3$）in three days at 27℃	30	100
6	氨态氮（以 N 计）	Ammoniacal Nitrogen（as N）	50	—
7	硫化物	Sulphides（as S）	2	—
8	总凯式氮	Total Kjeldahl Nitrogen（TKN）	100	—
9	游离氨	Free Ammonia	5	—
10	总溶解性固体	Total Dissolved Solids	2 100	2 100
天然橡胶加工：粉碎装置				
1	pH	pH	6.0～8.5	6.0～8.5
2	悬浮物	Suspended Solids	100	—
3	颜色	Colour	无色	—
4	气味	Odour	—	—

续表

序号	污染物	英文名称	排放浓度限值 /（mg/L，除了 pH）	
			内陆地表水	灌溉和公共下水道
天然橡胶加工：粉碎装置				
5	油脂	Oil & Grease	10	10
6	化学需氧量	Chemical Oxygen Demand（COD）	250	—
7	三日生化需氧量（BOD_3）	Biochemical Oxygen Demand（BOD_3）in three days at 27℃	30	100
8	氨态氮（以 N 计）	Ammoniacal Nitrogen（as N）	25	—
9	硫化物	Sulphides（as S）	2	—
10	总凯式氮	Total Kjeldahl Nitrogen（TKN）	50	—
11	总溶解性固体	Total Dissolved Solids	2 100	2 100
橡胶产品（模压，挤出或压延 / 制造 / 橡胶回收单元乳胶基单元）				
1	pH	pH	6.0～8.5	6.0～8.5
2	悬浮物	Suspended Solids	50	100
3	油脂	Oil & Grease	10	10
4	生化需氧量（BOD_3）	Biochemical Oxygen Demand（BOD_3）in three days at 27℃	50	—
5	铅	Lead	0.1	—
6	锌	Zinc（as Zn）	5	—
7	总铬	Total Chromium	0～05	—
轮胎和内胎行业				
1	pH	pH	6.0～8.5	6.0～8.5
2	悬浮物	Suspended Solids	50	—
3	油脂	Oil & Grease	10	10
合成橡胶产业				
1	pH	pH	6.0～8.5	6.0～8.5
2	颜色	Colour	—	—
3	气味	Odour	—	—
4	油脂	Oil & Grease	10	10
5	化学需氧量	Chemical Oxygen Demand（COD）	250	—
6	三日生化需氧量（BOD_3）	Biochemical Oxygen Demand（BOD_3）in three days at 27℃	50	—

注：这些参数的规范应由国家污染控制委员会根据具体情况而定

续表

序号	污染物	英文名称	污染物限值 /（kg/100 t 产品）
1	油脂	Oil & Grease	1.5
2	三日生化需氧量（BOD_3）	Biochemical Oxygen Demand（BOD_3）in three days at 27℃	200
3	悬浮物	Suspended Solids	200
4	总铬	Total Chromium	0.10
5	铅	Lead	0.15

（十五）协同处置废物技术水泥工业废水排放标准

印度中央政府进一步修订《环境（保护）规则》，在 2016 年发布的《环境（保护）（第三修正案）规则》中规定了协同处置废物技术水泥工业废水排放标准，这些标准自官方宪报刊登之日起生效（表 3-57）。

表 3-57　协同处置废物技术水泥工业废水排放标准

该行业应尽一切努力实现服务废水的"零排放"，如果排放废水，应遵守以下规范			
序号	污染物	英文名称	排放浓度限值 /（mg/L，除了 pH 和温度）
1	pH	pH	5.5～9.0
2	悬浮物	Suspended Solids	100
3	油脂	Oil & Grease	10
4	温度	Temperature	不得超过收纳水体环境温度 5℃以上

注：不允许雨水与污水、经处理的污水、洗涤器水和或地板洗涤物混合；工业电池范围内的暴雨水应通过独立的排水口。

（十六）腰果加工行业废水排放标准

印度中央政府进一步修订《环境（保护）规则》，在 2010 年发布的《环境（保护）修正规则》中规定了腰果加工行业废水排放标准，这些标准自官方宪报刊登之日起生效（表 3-58）。

表 3-58　腰果加工行业废水排放标准

序号	污染物	英文名称	浓度限值 /（mg/L，除 pH 外）		
			内陆地表水	公共下水道	灌溉用地
1	pH	pH	6.5～8.5	6.5～8.5	6.5～8.5
2	悬浮物	Suspended Solids	100	600	200
3	油脂	Oil & Grease	10	20	10
4	三日生化需氧量（BOD₃）	Biochemical Oxygen Demand（BOD₃）in three days at 27℃	30	250	100
5	酚类物质	Phenols	1.0	5.0	—

（十七）医疗工业焚烧炉废水排放标准

印度中央政府进一步修订《环境（保护）规则》，在 2009 年发布的《环境（保护）第二修正案》中规定了医疗工业焚烧炉废水排放标准，这些标准自官方宪报刊登之日起生效（表 3-59）。

表 3-59　医疗工业焚烧炉废水排放标准

A. 焚烧物排放				
序号	参数	英文名称	标准	
			除非另有说明，浓度限值以 mg/Nm³ 为单位	除非另有说明，采样持续时间以 min 为单位
1	颗粒物	Particulate Matter	50	30 或更多（抽样约 300 L 排放物）
2	氯化氢	HCl	50	30
3	二氧化硫	SO₂	200	30
4	一氧化碳	CO	100	日平均
5	总有机碳	Total Organic Carbon	20	30
6	总二噁英和呋喃　现存焚烧炉	Total Dioxins and Furans*　Existing Incinerator	0.2 ngTEQ/Nm³	8 小时
	总二噁英和呋喃　新焚烧炉	Total Dioxins and Furans*　New Incinerator	0.1 ngTEQ/Nm³	8 小时
7	锑＋砷＋铅＋铬＋钴＋铜＋锰＋镍＋钒＋镉＋铊＋汞以及它们的复合物	Sb＋As＋Pb＋Cr＋Co＋Cu＋Mn＋Ni＋V＋Cd＋Th＋Hg and their compounds	1.5	2 小时

续表

* 现有公司自通知之日起 5 年内遵守二噁英和呋喃 0.1 ngTEQ/Nm³ 的标准：

1. 所有监测值在干燥的基础上按 11% 的氧气进行校正。

2. 尾气中 CO_2 浓度不得低于 7%。

3. 如果卤化有机废物在输入废物中重量不足 1%，那么双室焚烧炉的所有设施的设计应使主室温度达到 850℃ ±25℃，二次燃烧室温度达到 950℃，二次燃烧室的气体停留时间不少于 2 s。或气态危险废物单室焚烧炉的所有设施的设计应使燃烧室内的最低温度达到 950℃，气体停留时间不少于 2 s。

4. 如果输入的废物中卤代有机废物重量超过 1%，则废物只能在双室焚烧炉中焚烧，所有设施的设计应使初级燃烧室的最低温度达到 850℃ +25℃，二级燃烧室的最低温度达到 1 100℃，二级燃烧室中的气体停留时间不得少于 2 s。

5. 用于擦洗排放物的洗涤物不得用作淬火器。

6. 焚烧厂（燃烧室）的运行温度、停留时间和湍流度应使焚烧灰和残渣中的总有机碳（TOC）含量小于 3%，其灰分和（或）残渣的失重应小于干重的 5%。如果不符合要求，则应重新焚烧灰和（或）残余物。

7. 焚烧炉至少应有 30 m 高的烟囱

B. 焚烧炉废水

1. 洗涤器及洗地所排出的污水必须经由封闭的管道 / 管网流出。

2. 雨水不允许与洗涤器水和地板清洗液混合。

3. 雨水应通过单独的排水渠排入高密度聚乙烯（HDPE）内衬的坑，坑内的容量为 10 min（平均每小时）的降水量。

4. 地板清洗液废水中的总溶解性固体（TDS）的积累不得超过所使用的原水 TDS 的 1 000 mg/L 以上。

5. 污水不得以可能会污染地下水的方式储存在贮水池内。

6. 应按照 1986 年《环境（保护）规则》规定的附表六：《环境污染排放一般标准（A 部分：污水）》的相关规定，将污水（洗涤器水和地板洗涤液）排放到接受水中

（十八）医疗工业废水排放标准

印度中央政府进一步修订《环境（保护）规则》，在 2009 年发布的《环境（保护）第三修正案》中规定了医疗工业废水排放标准，这些标准自官方宪报刊登之日起生效（表 3-60）。

表 3-60 医疗工业废水排放标准

序号	污染物	英文名称	浓度限值 /（mg/L，除 pH 外）
强制参数			
1	pH	pH	6.0～8.5
2	悬浮物	Suspended Solids	100
3	油脂	Oil & Grease	10

续表

序号	污染物	英文名称	浓度限值 /（mg/L，除 pH 外）
4	三日生化需氧量（BOD$_3$）	Biochemical Oxygen Demand（BOD$_3$）in three days at 27℃	100
5	生物测定实验	Bioassay Test	在 100% 浓度的废水中，96 小时后还有 90% 的鱼存活
附加参数			
1	汞	Mercury	0.01
2	砷	Arsenic	0.20
3	六价铬	Hexavalent Chromium（Cr^{6+}）	0.10
4	铅	Lead	0.10
5	氰化物	Cyanide	0.10
6	酚醛树脂	Phenolics resin（C$_6$H$_5$OH）	1.0
7	硫化物（以 S 计）	Sulphides（as S）	2.0
8	磷酸盐（以 P 计）	Phosphate（as P）	5.0

注：如果被处理的废水直接排入小溪、海岸河流或湖泊等淡水水体，则 BOD 和 COD 的浓度限值应为 30 mg/L 和 250 mg/L；生物测定实验应以 IS：6582—1971 中的内容执行；附加参数应根据工艺和产品规定；污水中溶解性固体的总量应由有关污染控制委员会视受用水体而定。

（十九）制糖工业废水排放标准

印度中央政府进一步修订《环境（保护）规则》，在 2016 年发布的《环境（保护）修正规则》中规定了制糖工业废水排放标准（表 3-61），这些标准自官方宪报刊登之日起生效。经处理的制糖工业废水在不同土壤质地的负荷率见表 3-62。

表 3-61　制糖工业废水排放标准

序号	污染物 / 参数	英文名称	浓度限值 /（mg/L，除 pH 外）
1	pH	pH	5.5～8.5
2	总悬浮物	Total Suspended Solids	100（陆地上处置）
3	油脂	Oil & Grease	10
4	三日生化需氧量（BOD$_3$）	Biochemical Oxygen Demand（BOD$_3$）in three days at 27℃	100（陆上处置）30（地表水处置）
5	总溶解性固体	Total Dissolved Solids（TDS）	2 100
6	最终废水排量	Final Wastewater Discharge Limit	200 L/t 甘蔗

注：最终处理后的污水排放限制在每吨甘蔗 100 L，喷淋池溢流或冷却塔的废水限制在每吨甘蔗 100 L，并且只允许从装置的单一出口排出。

表 3-62 　经处理的制糖工业废水在不同土壤质地的负荷率

序号	土壤质地	负荷率 / $[m^3/(hm^2 \cdot d)]$
1	沙地	225～280
2	沙壤土	175～225
3	壤土	170～225
4	黏壤土	55～110
5	黏土	35～55

三、噪声

（一）汽油和煤油引擎噪声控制标准

印度汽油和煤油引擎行业把噪声限值控制在 86 dB。

（二）天然气和液化石油气发动机组噪声控制标准

1. 使用专用天然气（NG）或液化石油气（LPG）的发电机组

（1）额定容量为 800 kW 的发电机组，在离外壳表面 1 m 处允许的最大噪声级应为 75 dB（A），发电机组在制造阶段应提供整体隔声罩，噪声规范自 2017 年 1 月 1 日起生效。

（2）第（1）款未涉及的发电机组噪声限值如下：

（a）应在用户端通过提供隔声罩或对房间进行声学处理的方式来控制发电机组的噪声。

（b）隔声罩的插入损失最少应为 25 dB（A）或符合环境噪声标准。两者以较高者为准（如实际噪声偏高，则可能无法检查隔声罩或声学处理性能。在这种情况下，可以检查性能是否降低到实际环境噪声水平，检查最好是在晚上十点至早上六点之间进行。插入损失的测量可以在距离隔声罩或者隔声室 0.5 m 的不同位置进行，然后取平均值）。

（c）发电机组应配备适当的排气消声器，插入损失至少为 25 dB（A）。

（d）这些限值应由国家污染控制委员会管理。

（e）制造商应向用户提供插入损失为 25 dB（A）的隔声罩和插入损失为 25 dB（A）的排气消声器。

（f）用户应通过适当的选址和控制措施，努力降低发电机组在其场所外的环境要求范围内的噪声水平。

（g）发电机组的安装应严格按照发电机组商家的建议进行。

（h）应与发电机组制造商协商后，制定适当例行和预防性维护程序。

（3）相关机构应承担专用天然气和液化石油气发电机组噪声规范的型号认可和生产符合性验证，并颁发符合规定的证书。

2. 发电机组使用汽油和天然气（NG）或汽油和液化石油气（LPG）

（1）由火花点火发动机（排量不超过 400 mL）驱动的汽油和天然气或汽油和液化石油气发电机组（功率不超过 19 kW）的噪声限制为 86 dB（A），应从 2016 年 9 月 1 日开始生效。

（2）相关机构应承担汽油或汽油和 NG 或 LPG 专用发电机组的噪声规范型号审批和生产符合性核查工作，并在符合规定的情况下颁发此类证书。

3. 发电机组使用柴油和天然气（NG）或柴油和液化石油气（LPG）

同上述 1.。

第四章　孟加拉国

孟加拉人民共和国（The People's Republic of Bangladesh）简称孟加拉国，首都为达卡（Dhaka）。全国总面积为 147 570 km²，总人口数约为 1.7 亿，国教为伊斯兰教，穆斯林占总人口的 88%。孟加拉国位于南亚次大陆东北部的恒河和布拉马普特拉河冲积而成的三角洲上。东、西、北三面与印度毗邻，东南与缅甸接壤，南临孟加拉湾。海岸线长 550 km。全境 85% 的地区为平原，东南部和东北部为丘陵地带。大部分地区属亚热带季风气候，湿热多雨。全年分为冬季（11 月至翌年 2 月），夏季（3—6 月）和雨季（7—10 月）。年平均气温为 26.5℃。冬季是一年中最宜人的季节，最低温度为 4℃，夏季最高温度达 45℃，雨季平均温度 30℃。

孟加拉国经济发展水平较低，国民经济主要依靠农业。孟加拉国近两届政府均主张实行市场经济，推行私有化政策，改善投资环境，大力吸引外国投资，积极创建出口加工区，优先发展农业。其人民联盟政府上台以来，制定了庞大的经济发展计划，包括建设数字孟加拉、提高发电容量、实现粮食自给等，但均面临资金、技术、能源短缺等挑战。孟加拉国矿产资源有限，主要能源天然气已公布的储量为 3 113.9 亿 m³，主要分布在东北几小块地区，煤储量 7.5 亿 t。森林面积约 200 万 hm²，覆盖率约 13.4%。工业方面以原材料工业为主，包括水泥、化肥、黄麻及其制品、白糖、棉纱、豆油、纸张等；重工业薄弱，制造业欠发达。

第一节　孟加拉国环境质量标准

一、大气

孟加拉国《孟加拉国减少空气污染战略最终报告》规定了环境空气质量标准中的污染物质共 8 项（表 4-1）。

表 4-1 孟加拉国环境空气质量标准

序号	污染物	英文名称及化学式	平均时间	限值 / （μg/m³）
1	一氧化碳	Carbon Monoxide（CO）	8 小时平均	10 000
			1 小时平均	40 000
2	铅	Lead（Pb）	年平均	0.5
3	氮氧化物	Nitrogen Oxide（NO_x）	年平均	100
4	悬浮颗粒物	Suspended Particulate Matter（SPM）	8 小时平均	200
5	可吸入颗粒物（PM_{10}）	Inhalable Particulate Matter（PM_{10}）	年平均	50
			24 小时平均	150
6	细颗粒物（$PM_{2.5}$）	Fine Particulate Matter（$PM_{2.5}$）	年平均	15
			24 小时平均	65
7	臭氧	Ozone（O_3）	8 小时平均	157
			1 小时平均	235
8	二氧化硫	Sulphur Dioxide（SO_2）	年平均	80
			24 小时平均	365

第二节 孟加拉国污染排放（控制）标准

一、大气

根据孟加拉国《废气排放标准的执行及 I/M 计划：报告初稿－第 2 部分》规定了在用汽油及压缩天然气车辆排放检验标准（表 4-2）。

表 4-2 在用汽油及压缩天然气车辆排放检验标准

机动车类型	测试	2004 年 9 月 1 日前注册		2004 年 9 月 1 日至 2014 年 6 月 30 日注册		2014 年 7 月后注册	
		CO/%	HC/ppm	CO/%（体积分数）	HC/ppm	CO/%（体积分数）	HC/ppm
四轮机动车							
燃油车	空挡	4.5	1 200	1.0	1 200	0.5	1 200
	快速空转 2 500～3 000 r/min	—	—	0.5	300 $\lambda=1.0\pm0.3$	0.3	200 $\lambda=1.0\pm0.3$
天然气车	空挡	3.0	1 200	1.0	1 200	0.5	1 200
	快速空转 2 500～3 000 r/min			0.5	300 $\lambda=1.0\pm0.3$	0.3	200 $\lambda=1.0\pm0.3$

续表

机动车类型	测试	2004 年 9 月 1 日前注册		2004 年 9 月 1 日至 2014 年 6 月 30 日注册		2014 年 7 月后注册	
		CO/%	HC/ppm	CO/%（体积分数）	HC/ppm	CO/%（体积分数）	HC/ppm
两轮和三轮燃油驱动车（2004 年后二冲程机动车禁止注册）							
四冲程	空挡	7.0	3 000	4.5	3 000	4.0	2 000
二冲程	空挡	7.0	12 000	—	—	—	—
三轮天然气驱动车							
任何类型	空挡	3.0	1 200	1.0	1 200	1.0	1 200

根据孟加拉国《废气排放标准的执行及 I/M 计划：报告初稿 - 第 2 部分》规定了在用柴油车辆排放检验标准（表 4-3）。

表 4-3　在用柴油车辆排放检验标准

柴油车类型	测试	尾气排放限值，HSU（Hartridge Smoke Unit）（m⁻¹）		
		2004 年 9 月 1 日前注册	2004 年 9 月 1 日至 2014 年 6 月 30 日注册	2014 年 7 月后注册
自然吸气	FA	65（2.5）	65（2.5）	60（2.1）
涡轮增压	FA	72（3.0）	72（3.0）	65（2.5）

根据孟加拉国《废气排放标准的执行及 I/M 计划：报告初稿 - 第 2 部分》规定了在用车辆排放检查的频率（表 4-4）。

表 4-4　在用车辆排放检查的频率

车辆类别	待验车辆的车龄 /a	检查的频率 /a
汽车 / 轻型车辆（汽油 / 压缩天然气）	3	1
三轮车（汽油 / 压缩天然气）	1	1
摩托车	1	1
天然气巴士	1	1
所有柴油车辆	1	1

第五章　巴基斯坦

巴基斯坦伊斯兰共和国（The Islamic Republic of Pakistan）简称巴基斯坦，首都为伊斯兰堡（Islamabad），位于南亚次大陆西北部。东接印度，东北与中国毗邻，西北与阿富汗交界，西邻伊朗，南濒阿拉伯海，海岸线长 980 km。除南部属热带气候外，其余属亚热带气候。南部湿热，受季风影响，雨季较长；北部地区干燥寒冷，有的地方终年积雪。年平均气温 27℃。总面积为 796 095 km²（不包括巴控克什米尔地区），据中华人民共和国外交部官网最新数据显示，总人口数约为 2.4 亿，95% 以上的居民信奉伊斯兰教（国教），少数信奉基督教、印度教和锡克教等。

巴基斯坦主要矿藏储备有：天然气 6 056 亿 m³、石油 1.84 亿桶、煤 1 860 亿 t、铁 4.3 亿 t、铝土 7 400 万 t，还有大量的铬矿、大理石和宝石。森林覆盖率 4.8%。2020—2021 财年，巴基斯坦生产原油 2 756 万桶，天然气约 362.2 亿 m³，发电装机容量 3 726 万 kW。工业方面，2022—2023 财年，巴基斯坦工业产值占国内生产总值的 18.47%，工业增长率为 -2.94%。最大的工业部门是棉纺织业，棉纱产量 257.8 万 t，棉布产量 7.86 亿 m²，其他还有毛纺织、制糖、造纸、烟草、制革、机器制造、化肥、水泥、电力、天然气、石油等。

巴基斯坦生态环境标准情况见表 5-1。

表 5-1　巴基斯坦生态环境标准情况

环境质量标准	污染排放（控制）标准	
大气	大气	水
二氧化硫环境空气要求	工业气体排放标准	国家城市和工业废水排放标准
氮氧化物环境空气要求	使用垃圾衍生燃料 RDF 的水泥装置废气排放标准	
环境空气质量标准	交通行业排放标准	

第一节 巴基斯坦环境质量标准

一、大气

巴基斯坦《环境报告的部门准则》规定了二氧化硫和氮氧化物环境空气要求（表 5-2 和表 5-3）。

表 5-2 二氧化硫环境空气要求

二氧化硫背景水平 /（μg/m³）				
空气质量背景	年平均水平	每 24 h 最大值	标准	
			标准 Ⅰ	标准 Ⅱ
			二氧化硫排放最大量 /（t/d/ 每工厂）	环境允许地面最高增量 /（μg/m³ 年平均）
未受污染	<50	<200	500	50
中度污染 *	—			
轻度	50	200	500	50
高度	100	400	100	10
重度污染 **	>100	>400	100	10

注：* 对于 50～100 μg/m³ 的中间值，应使用线性插值。

  ** 不建议有二氧化硫排放的项目。

表 5-3 氮氧化物环境空气要求

环境空气中氮氧化物（以 NO_2 表示）的浓度不应超过以下值：	
年算术平均值	100 μg/m³（0.05 ppm）
在与大气混合之前，固定源排放的排放水平应保持如下数值（对于燃油流发电机，单位为 ng/J 输入的热量）	
液体化石燃料	130
固体化石燃料	300
褐煤化石燃料	260

巴基斯坦环境保护署（Pka-EPA）起草了国家环境空气质量标准（表 5-4）。根据 1997 年《巴基斯坦环境保护法》第（6）条第（1）款第（e）项的法定要求，标准草案正在力求巴基斯坦环境保护委员会批准之前发布。

表 5-4 国家环境空气质量标准

单位：μg/m³（除非特殊说明）

序号	污染物	英文名称	平均时间	环境空气浓度	
				2009 年 1 月 1 日起生效	2012 年 1 月 1 日起生效
1	二氧化硫	Sulphur Dioxide（SO_2）	年平均	80	80
			24 小时平均	120	120
2	一氧化氮	Oxides of Nitrogen as（NO）	年平均	40	40
			24 小时平均	40	40
3	二氧化氮	Oxides of Nitrogen as（NO_2）	年平均	40	40
			24 小时平均	80	80
4	臭氧	Ozone（O_3）	1 小时平均	180	130
5	悬浮颗粒物	Suspended Particulate Matter（SPM）	年平均	400	360
			24 小时平均	550	500
6	PM_{10}	Inhalable Particulate Matter（PM_{10}）	年平均	200	120
			24 小时平均	250	150
7	$PM_{2.5}$	Fine Particulate Matter（$PM_{2.5}$）	年平均	25	15
			24 小时平均	40	35
			1 小时平均	25	15
8	铅	Lead（Pb）	年平均	1.5	1
			24 小时平均	2	1.5
9	一氧化碳	Carbon Monoxide（CO）	8 小时平均	5 mg/m³	5 mg/m³
			1 小时平均	10 mg/m³	10 mg/m³

注：1. 一年最少有 104 次量度的年算术平均值，每星期两次，每小时一次，间隔均匀。

2. 24 小时均值和 8 小时均值应满足一年中的 98%，剩下 2% 的时间可以超过，但不能连续两天。

第二节　巴基斯坦污染排放（控制）标准

一、大气

（一）工业气体排放标准

巴基斯坦《环境报告的部门准则》规定了国家工业气体排放环境质量标准（表 5-5）。

表 5-5　工业气体排放标准

序号	参数	英文名称	污染物来源	现行标准 /（mg/Nm³）	修订后标准 /（mg/Nm³，除特殊说明）
1	烟尘 [1]	Smoke	烟雾不透明度不超过	40% 或 2（林格曼标度）	40%
2	可吸入颗粒物 [2]	Particulate matter	锅炉		
			燃油	300	300
			燃煤	500	500
			水泥窑	200	300
			研磨、破碎、熟料冷却器及相关工艺、冶金工艺、转炉、高炉和冲天炉	500	500
3	氯化氢 [3]	Hydrogen Chloride	任何来源	400	400
4	氯 [3]	Chlorine	任何来源	150	150
5	氟化氢 [3]	Hydrogen fluoride	任何来源	150	150
6	硫化氢 [3]	Hydrogen sulphide	任何来源	10	10
7	硫氧化物	Sulphur Oxides	硫酸厂	400	5 000
			城市地区	400	1 000
			农村地区	—	1 500
8	一氧化碳 [3]	Carbon monoxide	任何来源	800	800
9	铅 [3]	Lead	任何来源	50	50
10	汞 [3]	Mercury	任何来源	10	10
11	镉 [3]	Cadmium	任何来源	20	20
12	砷 [3]	Arsenic	任何来源	20	20
13	铜 [3]	Copper	任何来源	50	50
14	锑 [3]	Antimony	任何来源	20	20
15	锌 [3]	Zinc	任何来源	200	200
16	氮氧化物	Nitrogen Oxide	硝酸制造装置	400	3 000
			燃气	400	400
			燃油	—	600
			燃煤	—	1 200

注：[1] 林格曼等级为 2。

[2] 基于颗粒大小为 10 μm 或更大的假设。

[3] 任何来源的污染。

以石油、煤炭为燃料的发电厂，除符合上述排放标准外，还应该符合环境空气质量标准中的规范（表 5-1 和表 5-2）。

（二）使用垃圾衍生燃料 RDF 的水泥装置废气排放标准

巴基斯坦《水泥工业垃圾衍生燃料（RDF）处理和使用指南》规定了使用垃圾衍生燃料 RDF 的水泥装置废气排放应符合国家环境质量标准（NEQS）和以下排放限值（表 5-6）。

表 5-6 使用垃圾衍生燃料 RDF 的水泥装置废气排放标准

序号	参数	英文名称	允许限度 /（mg/Nm³, 除特殊说明）		测试频率 / 方法	测试时间	向 EPA 报告的频率
1	烟尘	Smoke	40% 或 2 个林格曼等级或等效烟雾数		每年两次以烟度计量或林格曼量表计量	30 分钟	每年两次
2	可吸入颗粒物（PM）	Particulate Matter（PM）	300		在线自动测量	30 分钟	每月一次
3	氮氧化物（NO$_x$）	Nitrogen Oxide（NO$_x$）	燃油	600	在线自动测量	30 分钟	每月一次
			燃气	400			
			燃煤	1 200			
4	一氧化碳（CO）	Carbon Monoxide（CO）	800		在线自动测量	24 小时	每月一次
5	二氧化硫（SO$_2$）	Sulfur dioxide（SO$_2$）	1 700		每年两次用分光光度计测量	30 分钟	每年两次
6	二噁英和呋喃	Dioxin and Furan	0.10 ngTEQ/Nm³		每年用 HRCG/HRMS 法测量	8 小时	每年一次
7	砷	Arsenic	20		每年两次用原子吸收法测量	2 小时	每年两次
8	镉、铊	Cadmium & Thallium	20		每年两次用原子吸收法测量	2 小时	每年两次
9	镍	Nickel	20		每年两次用原子吸收法测量	2 小时	每年两次
10	锌	Zinc	200		每月一次用原子吸收法测量	2 小时	每月一次
11	汞	Mercury	10		每年两次用原子吸收法测量	2 小时	每年两次
12	铬	Chromium	0.50		每年两次用原子吸收法测量	2 小时	每年两次
13	钒	Vanadium	0.50		每年一次用原子吸收法测量	2 小时	每年一次

（三）交通行业排放标准

巴基斯坦环境保护署在获得巴基斯坦环境保护委员会批准的情况下，对发表于 1993 年 8 月 24 日的 S.R.O742（1）/93 的通知内容作进一步的修订（表 5-7）。

表 5-7　国家汽车尾气排放和噪声标准

在使用车辆

污染物	英文名称	最大允许浓度	测定方法	适用性
烟尘	Smoke	40% 或在发动机加速模式期间林格曼烟尘浓度为 2	要在 6 m 或更远的距离比较林格曼图	立即生效
一氧化碳	Carbon Monoxide	6%	空转状态下：通过气体分析仪进行非色散红外监测	
噪声	Noise	85 dB（A）	距声源 7.5 m 处放置声级计	

新柴油车的排放标准（适用于乘用车和轻型商用车）/（g/km）

车辆类型	分类	等级	污染物			测定方法	适用性
			CO	HC+NO$_x$	PM		
乘用车	M1：参考质量（RW）2 500 kg 及以下。车辆 RW 超过 2 500 kg 的满足 NI 类标准	Pak-Ⅱ，IDI	1.0	0.7	0.08	NEDC（ECE 15+EUDCL）	所有进口和当地制造的柴油车于 2012 年 7 月 1 日生效
		Pak-Ⅱ，DI	1.0	0.9	0.10		
轻型商用车	N1-Ⅰ（RW<1 250 kg）	Pak-Ⅱ，IDI	1.0	0.70	0.08		
		Pak-Ⅱ，DI	1.0	0.90	0.10		
	N1-Ⅱ（1 250 kg<RW<1 700 kg）	Pak-Ⅱ，IDI	1.25	1.0	0.12		
		Pak-Ⅱ，DI	1.25	1.3	0.14		
	N1-Ⅲ（RW>1 700 kg）	Pak-Ⅱ，IDI	1.50	1.2	0.17		
		Pak-Ⅱ，DI	1.50	1.6	0.20		
参数	浓度限值	测量方法					
噪声	85 dB（A）	距声源 7.5 m 处放置声级计					

重型柴油发动机和大型货车 / [g/（kW·h）]

车辆类型	分类	等级	污染物				测量方法	适用性
			CO	HC	NO$_x$	PM		
重型柴油发动机	卡车和公交车	Pak-Ⅱ	4.0	1.0	7.0	0.15	ECE-R-49	所有进口和当地制造的柴油车于 2012 年 7 月 1 日生效
大型货车	N2	Pak-Ⅱ	4.0	7.0	1.10	0.15	EDC	
参数	浓度限值				测量方法			
噪声	85 dB（A）				距声源 7.5 m 处放置声级计			

汽油车排放标准

车辆类型	分类	等级	污染物		测量方法	适用性
			CO	HC+NO$_x$		
乘用车	M1：参考质量（RW）2 500 kg 及以下。车辆 RW 超过 2 500 kg 的满足 NI 类标准	Pak-Ⅱ	2.20	0.5	NEDC（ECE15+ EUDCL）	所有进口和当地制造的柴油车于 2012 年 7 月 1 日生效
轻型商用车	N1-Ⅰ（RW＜1 250 kg）	Pak-Ⅱ	2.20	0.5		
	N1-Ⅱ（1 250 kg＜RW＜1 700 kg）	Pak-Ⅱ	4.0	0.65		
	N1-Ⅲ（RW＞1 700 kg）	Pak-Ⅱ	5.0	0.08		
机动人力车和电单车	2，4 冲程＜150 CC	Pak-Ⅱ	5.5	1.5	ECE-R-40	
	2，4 冲程＞150 CC	Pak-Ⅱ	5.5	1.3		
参数	浓度限值			测量方法		
噪声	85 dB（A）			距声源 7.5 m 处放置声级计		

注：DI 为直接注入；IDI 为间接注入：EUDCL 为市郊循环工况；NEDC 为新欧洲汽车法规循环工况；ECE 为联合国欧洲经济委员会汽车法规；UDC 为城市循环工况；M 为为载客而设计和制造的除驾驶位外座位不超过 8 个的车辆；N 为为载货而设计和制造的至少有四个轮子的机动车。

二、水

（一）国家城市和工业废水排放标准

巴基斯坦《环境保护案》第 6 部分规定了国家城市和工业废水环境质量标准（表 5-8）。

表 5-8　国家城市和工业废水排放标准

序号	参数	英文名称	现行标准 / （mg/L）	修订后标准 / （mg/L）		
				进入内陆水域	进入污水处理	进入大海
1	温度 / 温度上升	Temperature /Temperature increase*	40 ℃	≤30℃	≤30℃	≤30℃
2	pH	pH	6～10	6～9	6～9	6～9
3	20℃下五日生化需氧量（BOD_5）[1]	5-days Biochemical Oxygen Demand（BOD）at 20℃	80	80	400	200
4	化学需氧量（COD）[1]	Chemical Oxygen Demand（COD）	150	150	600	600
5	总悬浮物	Total suspended solids	150	200	400	200
6	溶解固体总量	Total dissolved solids	3 500	3 500	3 500	3 500
7	油脂和油	Grease and oil	10	10	10	10
8	酚类化合物（以苯酚计）	Phenolic compounds（as phenol）	0.1	0.1	0.3	0.3
9	氯化物（以 Cl 计）	Chloride（as Cl）	1 000	1 000	1 000	—
10	氟化物（以 F 计）	Fluoride（as F）	20	10	10	10
11	总氰化物（以 CN 计）	Cyanide（as CN）	2	1	1	1
12	离子洗涤剂（以 MBAS 计）[2]	An-ionic detergents（asMBAS）	20	20	20	20
13	硫酸盐（SO_4^{2-}）	Sulfate（SO_4^{2-}）	600	600	1 000	—
14	硫化物（S）	Sulfide（S）	1.0	1	1	1
15	氨（NH_3）	Ammonia（NH_3）	40	40	40	40
16	农药、除草剂、杀菌剂、杀虫剂[3]	Pesticides, herbicides, fungicides and insecticides	0.15	0.15	0.15	0.15
17	镉[4]	Cadmium	0.1	0.1	0.1	0.1
18	铬（三价和六价）[4]	Chromium（trivalent & hexavalent）	1.0	1	1	1
19	铜[4]	Copper	1.0	1	1	1
20	铅[4]	Lead	0.5	0.5	0.5	0.5
21	汞[4]	Mercury	0.01	0.01	0.01	0.01
22	硒[4]	Selenium	0.5	0.5	0.5	0.5
23	镍[4]	Nickel	1.0	1	1	1
24	银[4]	Silver	1.0	1	1	1

续表

序号	参数	英文名称	现行标准 /（mg/L）	修订后标准 /（mg/L）		
				进入内陆水域	进入污水处理	进入大海
25	总有毒金属	Total toxic metals	2.0	2	2	2
26	锌	Zinc	5.0	5	5	5
27	砷[4]	Arsenic	1.0	1	1	1
28	钡[4]	Barium	1.5	1.5	1.5	1.5
29	铁	Iron	2.0	1.5	8	8
30	锰	Manganese	1.5	1.5	1.5	1.5
31	硼[4]	Boron	6.0	6	6	6
32	氯	Chlorine	1.0	1	1	1

注：[1] 在排放时，最低稀释比例为 1∶10，联邦环境保护署将对稀释比例低于 1∶10 的排放单位执行更严格的标准。例如，1∶10 稀释的意思是，对于每 1 m³ 处理过的废水，接收水体应该有 10 m³ 的水来稀释这种废水。

[2] 改性苯烷基硫酸酯；假设表面活性剂可生物降解。

[3] 农药包括除草剂、杀菌剂和杀虫剂。

[4] 受有毒金属排放总量的影响。

[*] 污水不应该导致发生初始混合和稀释的区域边缘升温超过 3℃，如果没有划定区域，应使用距离排放点 100 m 的地方。

在排放到环境之前，不允许向气体排放物中混合 / 吹入过量空气或通过淡水与排放物混合来稀释气体排放物和液体排放物以使其达到 NEQS 的限值。

第六章 现有生态环境标准对比分析

第一节 环境质量标准对比分析

一、空气质量标准对比分析

表 6-1 对比了各国家或组织的空气质量标准的控制项目。

表 6-1 空气质量标准控制项目对比

序号	污染物	中国	美国	日本	欧盟	世界卫生组织	斯里兰卡	尼泊尔	印度	孟加拉国	巴基斯坦	总计
1	SO_2	√	√	√	√	√	√	√	√	√	√	10
2	NO_2	√	√	√	√	√	√	√	√		√	9
3	CO	√	√	√	√	√	√	√	√	√	√	10
4	O_3	√	√	√	√	√	√	√	√			8
5	PM_{10}	√	√	√	√	√	√	√	√		√	10
6	$PM_{2.5}$	√	√	√	√	√	√	√	√		√	9
7	TSP	√		√					√	√	√	5
8	NO_x	√								√	√	3
9	Pb	√	√		√				√	√	√	7
10	苯并 [a] 芘	√							√			2
11	Cd	√										1
12	Hg	√										1
13	As	√										1
14	Cr^{6+}	√										1
15	氟化物	√										1
16	苯			√	√			√	√			4
17	三氯乙烯			√								1

续表

序号	污染物	中国	美国	日本	欧盟	世界卫生组织	斯里兰卡	尼泊尔	印度	孟加拉国	巴基斯坦	总计
18	四氯乙烯			√								1
19	二氯甲烷			√								1
20	二噁英			√								1
21	光化学氧化剂（OX）			√								1
22	镍								√			1
23	砷								√			1
24	氨								√			1
	总计	15	7	12	6	6	6	9	12	8	9	

（一）控制项目对比分析

1. 常规污染物项目

从表 6-1 中可以看出，环境空气质量标准中，上述国家和组织常用的常规污染物控制项目有 8 项，分别为 SO_2、NO_2、CO、O_3、PM_{10}、$PM_{2.5}$、NO_x、TSP（有的规定了 SPM）。南亚 7 国中除去未制定标准的不丹和马尔代夫，其余 5 国共有的污染物控制项目为 SO_2、CO、PM_{10}、$PM_{2.5}$、O_3；印度的空气污染控制项目最齐全，共有 12 项，没有 NO_x 和 TSP 的规定；其次为尼泊尔，有 9 项，没有 NO_x 的规定；巴基斯坦也有 9 项，常规污染物全部齐全，NO_x 分为 NO 和 NO_2，孟加拉国有 8 项，没有 NO_2 的规定；斯里兰卡有 6 项，和世界卫生组织规定的项目保持一致，没有 NO_x 和 TSP 的规定；中国的空气污染控制项目有 15 项，8 项常规项目全部齐全；发达国家及组织中，美国的控制项目有 7 项，没有 NO_x 和 TSP 的规定；日本的控制项目有 12 项，没有 O_3 和 NO_x 的规定；世界卫生组织的控制项目有 6 项，没有 NO_x 和 TSP 的规定；欧盟只有 4 项控制项目，分别为 SO_2、NO_2、CO、PM_{10}。空气质量标准项目限值对比见表 6-2。

2. 有毒有害污染物项目

从表 6-2 可以看出，空气质量标准中常用的有毒有害污染控制项目主要是 Pb 和苯，南亚国家除了斯里兰卡，其余 4 国均对 Pb 浓度作出了规定，而尼泊尔和印度则对苯的浓度限值作出了规定。中国《环境空气质量标准》（GB 3095—2012）规定了 7 项有毒有害项目，包括 Pb，但没有对苯的规定。发达国家和国际组织中，日本的有害污染物控制项目有 6 项，包括苯，但没有 Pb 的规定。欧盟规定了苯、Pb 作为控制项目，世界卫生组织暂未在《环境空气质量指南》（2021 版本）中对有害污染物进行规定。

表 6-2　空气质量标准主要项目限值对比

单位：μg/m³（除特殊说明）

序号	污染物	平均时间	中国一级	中国二级	美国一级	美国二级	日本	欧盟	世界卫生组织	斯里兰卡	尼泊尔	印度 工业区，居住区，乡村其他区域	印度 其他生态敏感区	孟加拉国	巴基斯坦
1	SO_2	年平均	20	60							50	50	20	80	80
		24 小时	50	150			114	125	40	80	70	80	80	365	120
		8 小时	—	—						120					
		3 小时	—	—		1 308									
		1 小时	150	500	196	—	286	350		200					
		10 分钟							500						
2	NO_2	年平均	40	40	100	100		40	10		40	40	30		40
		24 小时	80	80	—	—	75～110		25	100	80	80	80		80
		8 小时								150					
		1 小时	200	200	188			200	200	250					
3	CO/ (mg/m³)	24 小时	4	4	—		12		4						
		8 小时			10		23	10	10	10	10	2	2	10	5
		1 小时	10	10	40				35	30		4	4	40	10
		15 分钟							100						
		任何时候								58					
4	O_3	年平均													
		24 小时													
		8 小时	100	160	137	137		120	100		157	100	100	235	
		3 小时													
		1 小时	160	200			120	180		200		180	180	157	130
5	PM_{10}	年平均	40	70	—	—		40	15	50	—	60	60	50	120
		24 小时	50	150	150	150	100	50	45	100	120	100	100	150	150
		1 小时					200								

续表

序号	污染物	平均时间	中国		美国		日本	欧盟	世界卫生组织	斯里兰卡	尼泊尔	印度		孟加拉国	巴基斯坦
			一级	二级	一级	二级						工业区，居住区，乡村其他区域	其他生态敏感区		
6	$PM_{2.5}$	年平均	15	35	9	15	15	25	5	25		40	40	15	15
		24 小时	35	75	35	35	35		15	50	40	60	60	65	35
7	TSP	年平均	80	200	—	—	—				—				360
		24 小时	120	300							230				500
		1 小时													
		8 小时												200	
9	NO_x	年平均	50	50										100	
		24 小时	100	100											
		1 小时	250	250											
10	Pb	年平均	0.5	0.5	—	—		0.5		0.5	0.5	0.5	0.5	0.5	1
		季度	1.0	1.0											
		3 月			0.15	0.15									
		24 小时										1.0	1.0		1.5
		8 小时													
11	苯	年平均					3	5		5	5	5			

（二）控制限值对比分析

下文将对二氧化硫（SO_2）、二氧化氮（NO_2）、一氧化碳（CO）、臭氧（O_3）、颗粒物（PM_{10}、$PM_{2.5}$）、总悬浮颗粒物（TSP）、氮氧化物（NO_x）、铅（Pb）、苯共 8 种常规污染物及 Pb、苯 2 种有毒有害污染物进行对比，并从南亚五国之间、南亚五国与中国、南亚五国与发达国家及国际组织 3 个角度进行分析（部分项目规定的国家较少，直接从规定了该项目的国家进行对比）。

1. 二氧化硫（SO_2）项目分析

南亚 5 国都对 SO_2 的限值作出了规定，但所采用的平均时间不同，5 国均规定的是 24 小时浓度限值，其中，尼泊尔的限值最严格，为 70 μg/m³，斯里兰卡和印度次之，为 80 μg/m³，孟加拉国和巴基斯坦 24 小时浓度限值较宽松，分别为 365 μg/m³ 和

120 μg/m³。除斯里兰卡外，其余 4 国对年平均值作出了规定，印度对生态敏感区的规定最严格，浓度限值仅为 20 μg/m³，其他区域为 50 μg/m³，和尼泊尔保持一致，较宽松的是孟加拉国和巴基斯坦，年平均值达到 80 μg/m³，斯里兰卡还对 8 小时和 1 小时浓度限值作出了规定，分别为 120 μg/m³ 和 200 μg/m³。综上所述，尼泊尔的标准最严格，而孟加拉国的标准是最宽松的。

中国的 SO_2 浓度限值分为一级标准与二级标准，分别适用于一类区及二类区。一类区为自然保护区、风景名胜区和其他需要特殊保护的区域；二类区为居住区、商业交通、居民混合区、文化区、工业区和农村地区。一级标准的限值相较二级标准更为严格。南亚 5 国的标准相对中国来说较为宽松，年均浓度限值中，中国的一级标准和印度生态敏感区浓度限值一致，中国的二级标准严于最为宽松的孟加拉国和巴基斯坦，尼泊尔和印度工业区与居住区的年均限值介于中国一级标准和二级标准之间。中国的 24 小时浓度限值的一级标准严于任何一个南亚国家的标准，除孟加拉国外，其余 3 国介于中国一级和二级标准，中国还规定了 1 小时浓度限值，一级标准稍严于斯里兰卡 1 小时浓度限值，由此可见，中国的 SO_2 浓度标准较南亚国家严格一些。

发达国家及国际组织中，世界卫生组织制定的 SO_2 浓度限值最严格，美国、日本和欧盟的 SO_2 浓度限值则比较宽松，其中美国 3 小时浓度限值的二级标准最为宽松，为 1 308 μg/m³。印度和尼泊尔的 SO_2 24 小时浓度限值严于日本和欧盟，巴基斯坦的 SO_2 浓度限值介于日本和欧盟之间，综合来说，世界卫生组织的标准严于南亚 5 国，南亚 5 国严于美国、日本和欧盟。

2. 二氧化氮（NO_2）项目分析

南亚 5 国中，除孟加拉国外，斯里兰卡、巴基斯坦、印度和尼泊尔对 NO_2 都有规定。印度工业区、巴基斯坦和尼泊尔规定了年均浓度限值，且数值相同，为 40 μg/m³，其中印度生态敏感区的限值为 30 μg/m³，印度、巴基斯坦和尼泊尔 24 小时浓度限值为 80 μg/m³，除上述 3 国，斯里兰卡也规定了 24 小时浓度限值，斯里兰卡 24 小时浓度限值为 100 μg/m³，斯里兰卡还规定了 8 小时和 1 小时浓度限值，整体而言，斯里兰卡的 NO_2 标准较为宽松，印度、巴基斯坦和尼泊尔的标准基本一致。

中国对 NO_2 一级、二级标准的浓度限值数值相同且设置了年平均、24 小时平均及 1 小时平均 3 个平均时间的浓度。印度一般区域和尼泊尔的年均值、巴基斯坦年均值和中国年均值的一级、二级标准相同，都是 40 μg/m³，24 小时平均浓度限值中，中国一级、二级标准和印度、尼泊尔、巴基斯坦的标准相同，略严于斯里兰卡，中国的 1 小时平均浓度限值严于斯里兰卡，可以看出，中国的标准和尼泊尔、印度、巴基斯坦的标准基本持平，斯里兰卡略宽松于上述几个国家。

在发达国家及国际组织中，世界卫生组织制定的 NO_2 浓度限值最严格，年均浓度限值为 10 μg/m³；世界卫生组织和欧盟的 1 小时平均浓度限值均为 200 μg/m³；美国、日本较为宽松，其中日本只规定了 24 小时平均浓度限值；就年均浓度来说，美国是最宽松的，南亚 3 国（印度、尼泊尔、巴基斯坦）的标准和欧盟一致，24 小时浓度也严于日本；1 小时浓度限值中，美国、欧盟和世界卫生组织基本持平，稍严格于斯里兰卡。

可以看出，南亚 5 个国家的标准中，印度和尼泊尔和中国、欧盟、世界卫生组织基本相同，美国和日本相对宽松，斯里兰卡是最为宽松的，但与南亚其他两国差别不大。

3. 一氧化碳（CO）项目分析

南亚 5 国都对 CO 浓度限值作出了规定，但主要以 8 小时浓度和 1 小时浓度限值为主，斯里兰卡规定了任意时刻的浓度限值。8 小时浓度限值中，最严的是印度，为 2 mg/m³，其次是巴基斯坦，为 5 mg/m³，其他 3 国（孟加拉、尼泊尔、斯里兰卡）都是 10 mg/m³；1 小时浓度限值中，印度的标准最为严格，为 4 mg/m³，尼泊尔没有规定，巴基斯坦为 10 mg/m³，斯里兰卡和孟加拉国的浓度限值分别为 30 mg/m³ 和 40 mg/m³，相对于印度来说，孟加拉国、斯里兰卡和尼泊尔的浓度限值是较为宽松的。

中国对 CO 浓度限值的要求较为严格，要求 24 小时平均浓度限值为 4 mg/m³，1 小时平均浓度限值为 10 mg/m³。但印度的标准比中国更为严格。

在发达国家及国际组织中，世界卫生组织最新标准规定最详细，包括了 24 小时、8 小时、1 小时、15 分钟的浓度限值，24 小时浓度限值中，中国和世界卫生组织的标准最严，均为 4 mg/m³，日本的标准较为宽松，为 12 mg/m³；8 小时浓度限值中，美国一级标准和欧盟、世界卫生组织相同，为 10 mg/m³；1 小时浓度限值中，世界卫生组织比美国的标准稍严格，还规定了 15 分钟浓度限值。

4. 臭氧（O_3）项目分析

南亚 5 国除斯里兰卡，其余 4 国都规定了 8 小时浓度限值，除尼泊尔，其余 4 国都规定了 1 小时浓度限值，印度的 8 小时浓度限值最为严格，为 100 μg/m³，其次为尼泊尔和孟加拉国；1 小时浓度限值中，最严格的为巴基斯坦，为 130 μg/m³，其次为印度和孟加拉国，标准最宽松的为斯里兰卡，为 200 μg/m³。

中国的 O_3 浓度限值分为一级标准与二级标准，一级标准的浓度限值相较二级标准更为严格，分别规定了 8 小时浓度限值和 1 小时浓度限值。8 小时浓度限值中，中国的一级标准和印度的标准保持一致；1 小时浓度限值中，中国的一级标和最严格的孟加拉国基本持平，二级标准和印度、斯里兰卡相近。总体来说，中国的 O_3 标准稍严于南亚国家。

在发达国家及国际组织中，欧盟的 8 小时浓度限值介于世界卫生组织和美国之间，日本没有规定 8 小时浓度限值，南亚国家最严的是印度，与世界卫生组织一致，尼泊尔稍宽松于美国，孟加拉国最宽松。1 小时浓度限值中，欧盟和印度的标准浓度限值相同，介于中国一级、二级标准之间，孟加拉国 8 小时浓度限值与中国一级标准浓度限值基本持平，巴基斯坦的浓度限值稍宽于日本，为 130 $\mu g/m^3$。

5. 颗粒物（PM_{10}）项目分析

南亚 5 国中，除尼泊尔只规定了 24 小时浓度限值，其余 4 国（印度、巴基斯坦、尼泊尔及斯里兰卡）都对 PM_{10} 的年均浓度限值和 24 小时浓度限值作出了规定。年均浓度限值中，孟加拉国和斯里兰卡的标准相同，为 50 $\mu g/m^3$，比印度的标准较为严格，巴基斯坦的标准最为宽松，为 120 $\mu g/m^3$；24 小时浓度限值中，印度、斯里兰卡的标准相同，在南亚 5 国里最为严格，为 100 $\mu g/m^3$，尼泊尔次之，为 120 $\mu g/m^3$，巴基斯坦和孟加拉国的最为宽松，为 150 $\mu g/m^3$。

中国的 PM_{10} 浓度限值分为一级标准和二级标准，一级标准的浓度限值较二级标准要严格。年均浓度限值中，中国的一级标准严于南亚 5 国，二级标准略宽松于南亚 4 国（斯里兰卡、孟加拉国、印度、尼泊尔）；24 小时浓度均值中，中国的一级标准严于南亚 5 国，二级标准与孟加拉和巴基斯坦持平。

在发达国家及国际组织中，世界卫生组织制定的 PM_{10} 浓度限值最为严格，年均浓度限值和 24 小时平均浓度限值分别达到了 15 $\mu g/m^3$ 和 45 $\mu g/m^3$；年均浓度限值中，欧盟略严于南亚国家（巴基斯坦除外）；24 小时浓度限值中，美国、孟加拉国和巴基斯坦的标准最为宽松，为 150 $\mu g/m^3$，其次是南亚 5 国和日本，最严格的是欧盟和世界卫生组织。通过比较得出，南亚的 PM_{10} 也达到了一个相对严格的标准。

6. 颗粒物（$PM_{2.5}$）项目分析

南亚 5 国除尼泊尔只规定了 24 小时浓度限值，其余四国（印度、巴基斯坦、尼泊尔及斯里兰卡）都对 $PM_{2.5}$ 的年均浓度限值和 24 小时浓度限值作出了规定。年均浓度限值中，孟加拉国和巴基斯坦最为严格，为 15 $\mu g/m^3$，其次为斯里兰卡，最宽松的是印度，为 40 $\mu g/m^3$；24 小时浓度限值中，巴基斯坦的标准最为严格，为 35 $\mu g/m^3$，其次是尼泊尔，为 40 $\mu g/m^3$，最宽松的为印度和孟加拉国，分别为 60 $\mu g/m^3$ 和 65 $\mu g/m^3$。

中国的 $PM_{2.5}$ 浓度限值分为一级标准与二级标准，一级标准的浓度限值更为严格。中国的 $PM_{2.5}$ 年均浓度限值的一级标准和最严的南亚国家（孟加拉国和巴基斯坦）的标准一致，二级标准介于孟加拉国和印度之间；24 小时浓度限值的一级标准和巴基斯坦相同，为 35 $\mu g/m^3$，比南亚其余国家的标准都要严格，二级标准略宽松于南亚 5 国。

在发达国家及国际组织中，世界卫生组织制定的 $PM_{2.5}$ 浓度限值最为严格，美国和日本的标准虽宽松于世界卫生组织，但严于南亚几个国家，巴基斯坦和美国的 24

小时浓度限值持平，为 35 μg/m³。可以看出，$PM_{2.5}$ 南亚的标准略松于中国和发达国家。

7. 总悬浮颗粒物（TSP）项目分析

总悬浮颗粒物只有中国、尼泊尔、巴基斯坦和孟加拉国作出了规定。其中，尼泊尔未规定年均浓度限值，通过 24 小时浓度限值分析得出，尼泊尔的标准介于中国的一级标准和二级标准之间，巴基斯坦的 TSP 标准与其他国家相比较为宽松。

8. 氮氧化物（NO_x）项目分析

南亚 5 国中，只有孟加拉国规定了氮氧化物年均浓度限值，为 100 μg/m³，中国规定了年均、24 小时、1 小时的 NO_x 平均浓度限值，分别为 50 μg/m³、100 μg/m³、250 μg/m³。总体来说，孟加拉国相对于中国的 NO_x 标准过于宽松，发达国家和国际组织未对氮氧化物作出具体规定。

9. 铅（Pb）项目分析

南亚 5 国中，孟加拉国、尼泊尔、印度和巴基斯坦都对 Pb 的浓度限值作出了规定，前 3 个国家的年均浓度限值均为 0.5 μg/m³，巴基斯坦限值为 1 μg/m³；印度和巴基斯坦还规定了 24 小时浓度限值，其中巴基斯坦的标准宽松于印度。

中国的 Pb 一级标准与二级标准的浓度限值相同。年均浓度限值中，中国与南亚 3 国（尼泊尔、印度和孟加拉国）的标准持平，宽松于巴基斯坦。

在发达国家和国际组织中，欧盟规定了年均值，浓度限值与南亚三国（尼泊尔、印度和孟加拉国）一致，美国的 3 个月的浓度限值较为严格，为 0.15 μg/m³，可以看出，上述几个国家和组织对于 Pb 的年均标准控制比较一致。

10. 苯（Benzene）项目分析

在南亚国家中，印度、尼泊尔和孟加拉国对苯的年均浓度限值作出了规定，均为 5 μg/m³。而中国和发达国家及国际组织中，欧盟和日本规定了苯的浓度限值，欧盟的标准与南亚三国（尼泊尔、印度和孟加拉国）一致，日本规定的年均浓度限值较为严格，为 3 μg/m³。

二、水环境质量标准对比分析

南亚 5 国均未对水环境质量标准作出相关规定。

三、声环境质量标准对比分析

南亚 5 国中，印度和尼泊尔制定了声环境质量标准，中国也对声环境有相关规定，具体内容见表 6-3。

表 6-3　声环境质量标准对比　　　　　　　　　　　　　单位：dB（A）

区域	中国		尼泊尔		印度	
	昼间	夜间	昼间	夜间	昼间	夜间
静默区	50	40			50	40
居住区	55	45			55	45
商业区	60	50	65	55	65	55
工业区	65	55	75	70	75	70
乡村地区			45	40		
城市地区			55	50		
米什里特·阿瓦斯·切特拉			63	55		
山塔·切特拉			50	40		
高速公路两侧	70	55				
铁路干线两侧	70	60				

　　从表 6-3 中可以看出，中国和印度的声环境质量标准在区域划定和数值规定上类似，中国多了 2 项，为高速公路两侧区域和铁路干线两侧区域。数值方面，印度的商业区和工业区比中国的规定略宽松。尼泊尔的区域划定和中国、印度有所区别，但三国都规定了商业区和工业区，且数值较为接近。此外，还规定了两个当地城市的噪声限值，数值也较小，可以发现，3 个国家对声环境质量标准的规定在区域上有所区别，但数值差别不大。

第二节　污染排放（控制）标准对比分析

一、大气污染排放标准

　　通过上文可知，除了斯里兰卡外，尼泊尔、印度、孟加拉国和巴基斯坦都制定了大气污染排放标准进行规定，但是各个国家之间对不同行业制定的标准均不相同，印度的标准最为详细，共涉及 26 项行业标准，尼泊尔规定了砖窑行业、柴油电机、国家柴油电机 3 项的废气排放标准，巴基斯坦规定了工业气体排放、使用 RDF 垃圾衍生燃料的水泥装置废气排放标准以及交通行业废气排放标准，孟加拉国规定了汽油及压缩天然气车辆排放标准。可以说，4 个南亚国家共有的标准是交通行业的废气排放标准，因此重点对此类标准进行对比，其他主要对比南亚 4 个国家之间共有的标准或南亚国家与中国共有的标准，如将巴基斯坦的工业气体排放标准和中国的大气排放综合标准进行对比。

（一）大气污染综合排放标准对比分析

　　巴基斯坦仅对无机污染物进行规定，故在此主要对比中国《大气污染物综合排放标准》（GB 16297—1996）和巴基斯坦《环境报告的部门准则》在一般工业废气无机污染物排放标准上的差别。从表 6-4 中可以看出，中国和巴基斯坦对工业气体中无机物排放指标的数目相近，中国规定了 18 项，巴基斯坦规定了 16 项。两国共有的项目是可吸入颗粒物、氯化氢、氟化氢、硫氧化物、铅及其化合物、汞及其化合物、氮氧化物 7 项指标。大气污染综合排放标准控制限值对比见表 6-5。

表 6-4　大气污染综合排放标准控制项目对比

序号	污染物	中国	巴基斯坦
1	烟尘		√
2	可吸入颗粒物	√	√
3	氯化氢	√	√
4	氯		√
5	氟化氢	√	√
6	硫化氢		√
7	硫氧化物	√	√
8	一氧化碳		√
9	铅及其化合物	√	√
10	汞及其化合物	√	√
11	铬及其化合物		√
12	砷及其化合物		√
13	铜及其化合物		√
14	锑及其化合物		√
15	锌及其化合物		√
16	氮氧化物	√	√
17	硫酸雾（或三氧化硫）	√	
18	镉及其化合物	√	
19	铬酸雾	√	
20	氯气	√	
21	铍及其化合物	√	
22	镍及其化合物	√	
23	锡及其化合物	√	

序号	污染物	中国	巴基斯坦
24	光气	√	
25	沥青烟	√	
26	石棉尘	√	
27	氟化物	√	
	合计	18	16

表 6-5　大气污染物综合排放标准控制限值对比（共有的无机污染物）

序号	污染物	中国 /（mg/m³）	巴基斯坦 /（mg/Nm³）	
			现有标准	修订标准
1	可吸入颗粒物	22（碳黑尘、燃料尘），80（玻璃棉尘、石英粉尘、矿渣棉尘），150（其他）	300（燃油）500（燃煤）200（水泥窑）500（研磨、破碎、熟料冷却及相关工艺、冶金工艺、转炉、高炉、冲天炉）	300（燃油）500（燃煤）300（水泥窑）500（研磨、破碎、熟料冷却及相关工艺、冶金工艺、转炉、高炉、冲天炉）
2	氯化氢	2.3	400	400
3	氟化氢	150	150	150
4	硫氧化物（中国以 SO₂ 计）	1 200（含硫化合物生产），700（含硫化合物使用）	400（硫酸厂）400（城市地区）	5 000（硫酸厂）1 000（城市地区）1 500（农村地区）
5	氮氧化物	1 700（硝酸、氮肥和火炸药生产），420（硝酸使用和其他）	400（硫酸制造装置）400（燃气）	3 000（硫酸制造装置）400（燃气）600（燃油）1 200（燃煤）
6	铅及其化合物	0.9	50	50
7	汞及其化合物	0.015	10	10

（二）交通行业排放标准对比分析

除了斯里兰卡外，尼泊尔、印度、巴基斯坦和孟加拉国均制定了有关交通行业的废气排放标准，表 6-6 将 4 个南亚国家和中国的机动车尾气排放标准作了一个简要的对比分析。

表 6-6　交通行业废气排放标准控制项目对比

序号	污染物	中国	尼泊尔	印度	孟加拉国	巴基斯坦	合计
1	一氧化碳	√	√	√	√	√	5
2	非甲烷总烃	√					1
3	氮氧化物	√	√	√		√	4
4	颗粒物	√	√			√	3
5	二氧化硫		√				1
6	总挥发性有机化合物		√				1
7	二氧化碳		√				1
8	黑炭		√				1
9	有机碳		√				1
10	碳氢化合物	√		√	√	√	4
11	氧化亚氮	√					1
12	烟尘			√		√	2
13	烟排放限值						
14	粒子数目	√					1
	合计	7	8	4	2	5	

从控制项目来看，5 个国家都根据自己国家的情况对相关的污染物作出了规定，5 个国家共有的项目是一氧化碳，其余常规控制项目是氮氧化物、颗粒物、碳氢化合物。中国和尼泊尔对尾气排放的规定最多，尼泊尔有 8 项标准，中国有 7 项标准，其次是巴基斯坦，有 5 项标准，印度有 4 项标准，孟加拉国只规定了 2 项标准，因此相对来说，尼泊尔的规定最为详细。然而，由于每个国家机动车类型的划分方法不一样，有的根据排量划分，有的根据功率大小划分，排放限值的单位也不一样，因此对该类标准的限值不作比较。

（三）水泥厂（工业）大气排放标准对比分析

综上所述，可以发现印度和巴基斯坦规定了水泥工业大气排放标准。表 6-7 对比了中国和南亚两个国家之间的水泥工业排放标准控制项目。不难看出，颗粒物和二氧化硫是 3 个国家都规定的控制项目。氮氧化物是中国和巴基斯坦共有的控制项目，而印度对二氧化氮作出了相关规定，其他污染物项目都是中国或者巴基斯坦特有的控制项目。巴基斯坦共规范了 13 项污染物，较为严格，中国规范了 6 项污染物，印度只规范了 3 项标准，是 3 个国家最为宽松的。为了对比结果更有意义，本研究对 3 个国家共有的水泥工业大气污染物排放标准控制限值进行对比，具体内容见表 6-8。

表 6-7　水泥工业大气污染排放标准控制项目对比

序号	污染物	中国	印度	巴基斯坦	合计
1	颗粒物	√	√	√	3
2	二氧化硫	√	√	√	3
3	氮氧化物	√		√	2
4	二氧化氮		√		1
5	氟化物	√			1
6	汞及其化合物	√			1
7	氨	√			1
8	烟尘			√	1
9	一氧化碳			√	1
10	二噁英和呋喃			√	1
11	砷			√	1
12	镉、铊			√	1
13	镍			√	1
14	锌			√	1
15	汞			√	1
16	铬			√	1
17	钒			√	1
	合计	6	3	13	

表 6-8　水泥工业大气污染排放标准控制限值对比（至少两个国家共有的参数）

	生产过程	生产设备	颗粒物	二氧化硫	氮氧化物
中国 /（mg/m³）	矿山开采	破碎机及其他生产设备	20（一般限值）10（重点区域）	—	—
	水泥制造	水泥窑及窑尾余热利用系统	30（一般限值）20（重点区域）	200（一般限值）100（重点区域）	400（一般限值）320（重点区域）
		烘干机、烘干磨、煤磨及冷却机	30（一般限值）20（重点区域）	600（一般限值，适用于采用独立热源的烘干设备）400（重点区域）	400（一般限值，适用于采用独立热源的烘干设备）300（重点区域）
		破碎机、磨机、包装机及其他通风生产设备	20（一般限值）10（重点区域）	—	—
	散装水泥中转站及水泥制品生产	水泥仓及其他通风设备	20（一般限值）10（重点区域）	—	—

续表

	生产过程	生产设备	颗粒物	二氧化硫	氮氧化物
印度 /（mg/Nm³）		回转窑	30（下达通知日起或之后，国家任何位置，2016 年 1 月 1 日生效） 50（下达通知日期之前，重污染区域，2015 年 1 月 1 日起生效） 30（下达通知日期之前，重污染区域，2016 年 6 月 1 日起生效） 100（下达通知日期之前，除重污染区域外，2015 年 1 月 1 日起生效） 30（下达通知日期之前，除重污染区域外，2016 年 6 月 1 日生效）	100（不管运行日期和区域）	—
		立轴窑	50（下达通知日起或之后，国家任何位置，2016 年 1 月 1 日生效） 100（下达通知日期之前，重污染区域，2015 年 6 月 1 日起生效） 75（下达通知日期之前，重污染区域，2016 年 6 月 1 日起生效） 150（下达通知日期之前，除重污染区域外，2015 年 1 月 1 日起生效）	200（2016 年 1 月 1 日起生效）	—
巴基斯坦 /（mg/Nm³）			300	1 700	600（燃油） 400（燃气） 1 200（燃煤）

从表 6-8 中可以看出，印度和中国对于上述污染物的标准制定较为细致，对不同的生产设备进行了详细控制划分，即在不同区域、不同时间执行不同的浓度限值。而巴基斯坦则采用统一的排放标准。

（四）砖窑行业大气污染物排放标准项目及限值对比

综上可知，印度和尼泊尔规定了砖窑行业大气污染物排放标准，且两个国家都针对颗粒物的限值作出了规定，表 6-9 对比了两个国家在这项污染物上的标准。

表 6-9　砖窑行业大气污染排放标准项目及限值对比

	窑炉类别	具体参数	颗粒物浓度限值/（mg/Nm³）
印度	牛沟窑	小	1 000
		中	750
		大	750
	倒焰窑	小/中/大	1 200
	立轴窑	小/中/大	250
尼泊尔	牛沟窑（被动风干）		600
	牛沟窑（自然风干）		700
	立轴砖窑		400
	牛沟窑和霍夫曼窑	自然通风窑	500
		诱导通风窑	250
	立轴砖窑（一轴之和）		250
	混合霍夫曼窑		200
	隧道窑		100

从表 6-9 中可以看出，印度和尼泊尔都是根据不同的窑炉类型作出相应的规定，从分类来看，尼泊尔的分类更为详细，窑炉种类更多；从浓度限值来看，尼泊尔较印度更严格。

（五）火电厂大气污染排放标准项目及限值对比

通过上文统计整理，印度规定了火电厂的废气排放标准，表 6-10 和表 6-11 分别对比了中国和印度的火电厂废气排放标准控制项目及其对应的浓度限值。从表 6-10 中可以看出中国和印度的火电厂废气排放标准差别不大，相同的控制项目是二氧化硫、氮氧化物和汞及其化合物。

表 6-10　火电厂大气污染排放标准控制项目对比

序号	污染物	中国	印度	合计
1	烟尘	√		1
2	二氧化硫	√	√	2
3	氮氧化物	√	√	2
4	汞及其化合物	√	√	2
5	烟气黑度	√		1
6	颗粒物		√	1
	合计	5	4	

从表 6-11 中可以看出，中国和印度对二氧化硫、氮氧化物和汞的规定方式有所区别。中国是根据锅炉的燃料为基准来规定污染物浓度限值，燃料不同，限值也不同，燃气的限值较低，而燃油和燃煤的较高。而印度则是根据安装火电机组的日期和机组的功率来规定污染物的浓度限值，根据最新的安装日期，印度的二氧化硫和氮氧化物的标准越来越严格，汞的浓度保持不变。

表 6-11 火电厂大气污染物排放标准控制项目限值对比

	发电厂	适用条件	二氧化硫	氮氧化物	汞及其化合物
中国 /（mg/m³）	燃煤锅炉	全部	50	100 200[2]	0.03
		现有锅炉	200 400[1]		
		新建锅炉	100 200[1]		
	以油为燃料的锅炉或燃气轮机组	全部	50[3]		
		现有锅炉及燃气轮机组	100		
		新建锅炉及燃气轮机组	200		
		新建燃油锅炉		100	
		现有燃油锅炉		200	
		燃气轮机组		120	
	以气体为燃料的锅炉或燃气轮机组	天然气锅炉	35	100	
		其他气体燃料锅炉	100	200	
		天然气燃气轮机组	35	50	
		其他气体燃料燃气轮机组	100	120	
印度 /（mg/Nm³）	火电机组安装日期				
	2003 年 12 月 31 日之前		600（小于 500 MW 机组）；200（大于等于 500 MW 机组）	600	0.03（大于等于 500 MW）
	2003 年 1 月 1 日至 2016 年 12 月 31 日		600（小于 500 MW 机组）；200（大于等于 500 MW 机组）	300	0.03
	2017 年 1 月 1 日起		100	100	0.03

注：[1] 位于广西壮族自治区、重庆市、四川省和贵州省的火力发电锅炉执行该限值。

[2] 采用 W 形火焰炉膛的火力发电锅炉，现有循环流化床火力发电锅炉，以及 2003 年 12 月 31 日前建成投产或通过建设项目环境影响报告书审批的火力发电锅炉执行该限值。

[3] 重点地区的火力发电锅炉及燃气轮机执行该限值。

二、水污染排放标准

(一) 污水综合 (工业废水) 排放标准对比分析

通过上文统计可知南亚 5 个国家中，除尼泊尔和孟加拉国外，印度、斯里兰卡和巴基斯坦都对污水排放标准作出相应的规定。印度的最为详细，涉及 20 项行业标准；其次是斯里兰卡，共规定了 7 项污水排放标准；巴基斯坦仅规定了城市工业废水排放标准。表 6-12 将上述国家的工业废水标准与中国的标准进行对比分析，由于印度规定的都是行业标准，不进行逐一比较；由于中国的《污水综合排放标准》(GB 8978—1996) 涉及的污染物项目较多且有相应的行业标准，在此不列出所有的控制项目，重点以斯里兰卡和巴基斯坦的控制项目为主。

表 6-12　污水 (工业) 综合排放标准控制项目对比

序号	控制项目	斯里兰卡	巴基斯坦	中国	合计
1	总悬浮物	√	√	√	3
2	总悬浮物粒径	√			1
3	溶解性固体	√	√		2
4	环境温度下的 pH	√	√	√	3
5	生化需氧量	√	√	√	3
6	排放温度	√	√		2
7	油和油脂	√	√	√	3
8	酚类化合物 (以 C_6H_5OH 计)	√	√		2
9	化学需氧量 (COD)	√	√	√	3
10	颜色	√		√	2
11	溶解磷酸盐 (以 P 计)	√		√	2
12	总凯氏氮 (以 N 计)	√			1
13	游离态氨	√	√		2
14	氨态氮 (以 N 计)	√		√	2
15	氰化物 (以 CN^- 计)	√	√	√	3
16	总余氯	√			1
17	氯化物	√	√		2
18	氟化物	√	√	√	3
19	硫化物	√	√	√	3

续表

序号	控制项目	斯里兰卡	巴基斯坦	中国	合计
20	氯		√		1
21	硼	√	√		2
22	砷	√	√	√	3
23	镉	√	√	√	3
24	总铬（以 Cr 计）	√	√	√	3
25	六价铬（以 Cr^{6+} 计）	√		√	2
26	铜	√	√	√	3
27	铁	√	√		2
28	铅	√	√	√	3
29	汞	√	√	√	3
30	镍	√	√	√	3
31	硒	√	√	√	3
32	锌	√	√	√	3
33	银		√	√	2
34	钡		√		1
35	锰		√	√	2
36	总有毒金属		√		1
37	杀虫剂	√	√		2
38	硫酸盐	√	√		2
39	有机磷化合物	√		√	2
40	氯化烃类	√			1
41	洗涤剂 / 表面活性剂	√	√	√	3
42	粪便大肠菌群	√		√	2
43	放射性物质： （a）α 放射性 （b）β 放射性	√		√	2
44	钠吸附率	√			1
45	残留碳酸钠	√			1
46	电导率	√			1
合计		41	32	27	

从表 6-12 中可以看出，3 个国家共有的控制项目为 18 项，分别是总悬浮物、pH、生化需氧量、油和油脂、化学需氧量、氰化物、氟化物、硫化物、砷、镉、铬、铜、铅、汞、镍、硒、锌、洗涤剂 / 表面活性剂。斯里兰卡是根据不同的受纳水体规定的控制项目，因为其受纳水体包括内陆地表水、海洋沿岸、设有污水处理厂的下水道以及灌溉用地几种不同的类型，因此总的控制项目较多。巴基斯坦的控制项目有 32 项，相对而言也较为齐全，有现有标准和修订后的标准，受纳水体包括内陆水、污水处理厂和大海。中国的控制项目较多，但在此只列出与以上两个国家重合的污染物项目。

表 6-13 为 2 个或 3 个国家共有的控制项目的限值对比分析。从表 6-13 中可以看出，南亚两个国家和中国都是根据不同的受纳水域规定了不同的污染物的限值，其中南亚两个国家对生化需氧量、溶解性固体、总悬浮物、酚类化合物、氰化物、汞、铅、铁、总铬、六价铬、杀虫剂等项目管控较为严格。

表6-13　污水综合排放标准控制项目限值对比

单位：mg/L

序号	项目	斯里兰卡				巴基斯坦				中国
		排入内陆地表水	排入海洋沿岸	排入污水处理厂	排入灌溉用地	现有标准	修订后的标准			
							排入内陆水	排入污水处理厂	排入大海	
1	总悬浮物	50	150	500		150	200	400	600	I类限值：20~100 II类限值：30~800
2	溶解性固体				2 100	3 500	3 500	3 500	3 500	—
3	环境温度下的pH	6.0~8.5	5.5~9.0	5.5~10.0	5.5~9.0	6.0~10.0	6.0~9.0	6.0~9.0	6.0~9.0	一级标准：6.0~9.0 二级标准：6.0~9.0 三级标准：6.0~9.0
4	五日生化需氧量（BOD₅）	30	100	350	250	80	80	400	200	一级标准：20~30 二级标准：30~150 三级标准：300~600
5	排放温度	40℃（排放口15 m范围）	45℃（排放口范围）	45		40℃	43℃	43℃	43℃	—
6	油和油脂	10	20	30	10	10	10	10	10	一、二级标准：20 三级标准：100
7	酚类化合物（以C_6H_5OH计）	1.0	5.0	5.0	0.1	0.1	0.1	0.3	0.3	—
8	化学需氧量（COD）	250	250	850	400	150	150	600	600	一级标准：60/100 二级标准：120~300 三级标准：500/1 000

续表

序号	项目	斯里兰卡				巴基斯坦				中国
		排入内陆地表水	排入海洋沿岸	排入污水处理厂	排入灌溉用地	现有标准	修订后的标准			
							排入内陆水	排入污水处理厂	排入大海	
9	颜色	$7 m^{-1}$（436 nm，黄色范围）$5 m^{-1}$（525 nm，红色范围）$3 m^{-1}$（620 nm，蓝色范围）								
10	溶解磷酸盐（以P计）	5.0								一级标准：0.5 二级标准：1.0
11	游离态氨			50		40	40	40	40	一级标准：15 二级标准：25/50
12	氨态氮（以N计）	50	50	50						
13	氰化物（以CN计）	0.2	0.2	2	0.2	2.0	1.0	1.0	1.0	一级标准：0.5 二级标准：0.5/5.0 三级标准：1.0/5.0
14	氯化物			900	600	1 000	1 000	1 000	—	
15	氟化物	2.0	15	20		20	10	10	10	一级标准：10 二级标准：10～20 三级标准：20～30
16	硫化物	2.0	5.0	5.0		1.0	1.0	1.0	1.0	一、二级标准：1.0 三级标准：2.0

续表

序号	项目	斯里兰卡				巴基斯坦				中国
		排入内陆地表水	排入海洋沿岸	排入污水处理厂	排入灌溉用地	现有标准	修订后的标准			
							排入内陆水	排入污水处理厂	排入大海	
17	硼					6.0	6.0	6.0	6.0	
18	砷	0.2	0.2	0.2	0.2	1.0	1.0	1.0	1.0	0.5
19	镉	0.1	2.0	1.0	2.0	0.1	0.1	0.1	0.1	0.1
20	总铬（以 Cr 计）	0.5	2.0	2.0	1.0	1.0	1.0	1.0	1.0	1.5
21	六价铬（以 Cr^{6+} 计）	0.1	1.0							0.5
22	铜	3.0	3.0	3.0	1.0	1.0	1.0	1.0	1.0	一级标准：0.5 二级标准：1.0 三级标准：2.0
23	铁	3.0				2.0	1.5	8.0	8.0	
24	铅	0.1	1.0	1.0	1.0	0.5	0.5	0.5	0.5	1.0
25	汞	0.000 5	0.01	0.005	0.01	0.01	0.01	0.01	0.01	0.05
26	镍	3.0	5.0	3.0		1.0	1.0	1.0	1.0	1.0
27	硒	0.05	0.1	0.05		0.5	0.5	0.5	0.5	一级标准：0.1 二级标准：0.2 三级标准：0.5
28	锌	2.0	5.0	5.0		5.0	5.0	5.0	5.0	一级标准：2.0 二、三级标准：5.0

续表

序号	项目	斯里兰卡 排入内陆地表水	排入海洋沿岸	排入污水处理厂	排入灌溉用地	巴基斯坦 现有标准	修订后的标准 排入内陆水	排入污水处理厂	排入大海	中国
29	银	0.005	0.005	0.2		1.0	1.0	1.0	1.0	0.5
30	锰	1.0	1.0			1.5	1.5	1.5	1.5	一级标准: 2.0 二级标准: 2.0/5.0 三级标准: 5.0
31	杀虫剂					0.15	0.15	0.15	0.15	一级标准: 不得检出 二、三级标准: 0.5 (有机磷农药)
32	硫酸盐		1.0	1 000	1 000	600	600	1 000	—	
33	有机磷化合物									
34	洗涤剂/表面活性剂	5.0		50		20	20	20	20	一级标准: 5.0 二级标准: 10/15 三级标准: 20 (阴离子表面活性剂)
35	粪便大肠菌群	40 MPN/100 mL	60 MPN/100 mL		40 MPN/100 mL					一级标准: 100/500 个/L 二级标准: 500/1 000 个/L 三级标准: 1 000/5 000 个/L
36	放射性物质: α发射体 β发射体	10^{-8} 10^{-7} (μCi/mL)	10^{-8} 10^{-7} (μCi/mL)	10^{-8} 10^{-7} (μCi/mL)	1.0 10^{-8} (μCi/mL)			1 000		1 Bq/L 10 Bq/L

参考文献

［1］中华人民共和国外交部．国家和组织 [DB/OL]. 2023-03-14. https://www.mfa.gov.cn/web/gjhdq_676201/gj_676203/yz_676205/1206_676884/1206x0_676886/.

［2］Minister of Environment and Natural Resources.The Gazette of the Democratic Socialist Republic of Sri Lanka PART Ⅰ：SECTION（I）—GENERAL Government Notifications，The National Environmental Act，No. 47 of 1980[EB/OL]. [2023-07-22]. https://cea.lk/web/images/pdf/envprotection/G_1534_18.pdf.

［3］Minister of Environment and Natural Resources.The Gazette of the Democratic Socialist Republic of Sri Lanka PART Ⅰ：SECTION（I）—GENERAL Government Notifications，The National Environmental Act，No. 47 of 1980[EB/OL].（2019-04-08）[2023-07-22]. https://faolex.fao.org/docs/pdf/srl78604.pdf.

［4］江勤政．我们和你们：中国和斯里兰卡的故事 [M].北京：五洲传播出版社，2017.

［5］中华人民共和国外交部．国家和组织 [DB/OL].（2023-03-14）[2023-08-24]. https://www.mfa.gov.cn/web/gjhdq_676201/gj_676203/yz_676205/1206_676812/1206x0_676814/.

［6］The World Bank.Diesel Power Generation：Inventories and Black Carbon Emissions in Kathmandu Valley，Nepal[EB/OL]. [2023-07-23]. https://cen.org.np/uploads/doc/1948-final-report-dg-set-study-nepal-60b9e3717d03f.pdf.

［7］MinErgy in collaboration with Federation of Nepal Brick Industries.Brick Sector in Nepal National Policy Framework[EB/OL]. [2023-07-25]. https://www.ccacoalition.org/sites/default/files/resources/2017_bricks-sector-nepal_minergy-icimod.pdf.

［8］中华人民共和国外交部．国家和组织 [DB/OL]. 2023-03-14. https://www.mfa.gov.cn/web/gjhdq_676201/gj_676203/yz_676205/1206_677220/1206x0_677222/.

［9］Ministry of Environment And Forests Notification，New Delhi，the 16th November，2009（官方报纸）（其余标准均来自这一文件，但发布时间不同）.

［10］Ministry of Environment And Forests.The Noise Pollution（Regulation And Control Rules，2000[EB/OL]. [2023-07-20]. https://elaw.org/wp-content/uploads/archive/attachments/publicresource/saudiarabia.General%20Environmental%20Regulations.pdf.

［11］中华人民共和国外交部.国家和组织 [DB/OL]. 2023-03-14. https: //www.mfa.gov. cn/web/gjhdq_676201/gj_676203/yz_676205/1206_676764/1206x0_676766/.

［12］Government of the People's Republic of Bangladesh Department of Environment. Enforcement of Emission Standards and I/M Programme: Draft Report-Part 2[EB/OL]. [2023-07-25].

［13］Department of Environment Government of Bangladesh, Air Pollution Reduction Strategy for Bangladesh Final Report [EB/OL]. [2023-07-25]. https: //www.readkong. com/page/air-pollution-reduction-strategy-for-bangladesh-2731837.

［14］中华人民共和国外交部.国家和组织 [DB/OL]. 2023-03-14. https：//www.mfa.gov. cn/web/gjhdq_676201/gj_676203/yz_676205/1206_676308/1206x0_676310/.

［15］Pakistan Environment Protection Agency.Sectoral guidelines for environmental reports—Major chemical and manufacturing plants[EB/OL]. (2021-09-22) [2023-07-29]. https: //environment.gov.pk/SiteImage/Misc/files/Guidelines/iManufacturing.pdf.

［16］Guidelines for Processing and Using Refuse Derived Fuel (RDF) in cement Industry, Government of Pakistan, Pakistan Environmental Protection Agency (Ministry of Climate Change) Islamabad, August 2012 [DB/OL]. https: //environment.gov.pk/ SiteImage/Misc/files/Guidelines/RDFGuideLines.pdf.

［17］Ministry of Environment Notification, Karachi, the 16th May, 2009 [DB/OL]. https: //mocc.gov.pk/SiteImage/Misc/files/National%20Environmental%20Quality%20 Standards%20 (Motor%20Vehicle%20Exhaust%20and%20Noise)%20Rules.pdf.

［18］Pakistan Environmental Protection Agency. National Environmental Quality Standards for Ambient Air[S/OL]. [2023-07-28]. https: //mocc.gov.pk/SiteImage/Misc/files/ NEQS%20for%20Ambient%20Air.pdf.